W0074120

TIERE AUF DEM LAND

Das **Pferde**buch

Annette Hackbarth

TIERE AUF DEM LAND

Das Pferdebuch

VON SCHÖNEN PFERDEN, SELTENEN RASSEN UND DEM WOHL DER TIERE

DORT–HAGENHAUSEN–VERLAG

Inhalt

Liebe Leserin, lieber Leser,

Pferde haben schon immer eine besondere Rolle unter den Nutztieren gespielt, weil der Mensch sehr eng mit ihnen zusammenarbeitet. Jahrhunderte lang dienten sie dem Menschen als Zugtiere auf dem Feld, bei der Waldarbeit und als Kutsch- und Reittiere, heute sind bei uns vor allem die leichteren Rassen als Sport- und Freizeitpferde beliebt. Doch auch die alten, kräftigeren Rassen erleben heute, nicht nur als Teil unseres kulturellen Erbes, eine Renaissance.

Ein Pferd zu führen und zu leiten ist ein unglaubliches Gefühl, vor allem dann, wenn sich eine Einheit zwischen Mensch und Tier entwickelt, wenn zwei Köpfe völlig unterschiedlicher Spezies dasselbe wollen. Ein Pferd zu reiten, wird dann beinahe berauschend, wenn die Beine des Pferdes zu den eigenen zu werden scheinen.

Aber auch, wer noch nicht in diesen besonderen Genuss gelangt ist, wird seine Freude an Pferden haben. Mit ihrer kraftvollen Eleganz bieten sie einen wunderschönen Anblick. Und gerade Laien können etwas, das manchen Pferdeleuten fehlt: Sie können einfach nur das Pferd an sich betrachten und sein Wesen würdigen, unabhängig von Zweck und Nutzen.

Als Teil der Reihe „Tiere auf dem Land" möchte dieses Buch den Respekt und die Liebe zu den Pferden neu wecken. Erfreuen wir uns an den außergewöhnlichen Bildern und Geschichten rund um diese besonderen Tiere.

An dieser Stelle möchte ich mich herzlich bei allen Pferdenarren und Bewahrern der Pferdekultur sowie bei den Gastautoren und Fotografen für die schöne Zusammenarbeit bedanken.

Annette Hackbarth, August 2014

Wie alles begann

Es ist kaum zu glauben, aber den direkten Vorfahren unserer Pferde kennen wir nicht. Es wird nur immer deutlicher, wer es nicht ist. Auch die These, dass die Domestizierung des Pferdes parallel an mehreren Orten stattfand, hat deutliche Risse bekommen. Auf der einen Seite ist es unbefriedigend, nicht zu wissen, wie und wo das Tier zu uns kam, das unsere Geschichte beeinflusst hat wie kein anderes. Auf der anderen Seite ist alles wieder offen und spannend, denn es darf spekuliert werden.

Die Geschichte des Pferdes

Das Morgenrötepferdchen, so heißt der Urahn aller unserer Pferde. Durch eine winzig kleine Besonderheit gelang es einem seiner Nachfahren, die pflanzenfressende Konkurrenz bei der Eroberung ganzer Kontinente aus dem Feld zu schlagen – oder besser zu beißen. Doch dies ist nicht das einzig Erstaunliche an der Geschichte des Tieres, das unsere Geschichte beeinflusste wie kein anderes und dessen eigene durch neue Forschungen jüngst auf den Kopf gestellt wird.

Das Hippotherium wanderte vor rund 11 Millionen Jahren über eine Landbrücke dort, wo heute die Bering-See liegt, aus Nordamerika nach Asien und Europa ein. Es war kaum größer als ein Hund, lebte in sumpfigen Wäldern und war wohl eher ein Einzelgänger, sicher aber kein Herdentier. Die Evolution versah den einstigen Winzling mit einer Besonderheit, die es ihm ermöglichte, sich gegen die vorhandene Verwandtschaft, es war bereits ein Urpferd hier, durchzusetzen: Zahnschmelz.

Mit dem Gras nehmen Grasfresser auch Kieselsäuren auf, die die Zahnsubstanz arg in Mitleidenschaft ziehen. Darum waren die Urpferde vorher reine Laubfresser. Der neue Einwanderer jedoch konnte durch harten Zahnschmelz ein wesentlich breiteres Nahrungsspektrum nutzen. Dass seine Zähne zudem viel länger waren, gut geschützt im Kiefer, und allmählich nachgeschoben wurden, war ein weiterer Vorteil gegenüber der Nahrungskonkurrenz, die wesentlich schneller auf dem Zahnfleisch daher kam.

So wurde aus dem Laub- ein Grasfresser, aus dem Waldbewohner ein Tier der Steppe. Über diverse Entwicklungsstadien wuchs es in die Höhe, konnte so seinen neuen Lebensraum besser überblicken und wurde schnell genug, um beim Auftauchen von Fressfeinden diesen davonzulaufen. Aus den Zehen wurde, dem neuen Untergrund und dem höheren Eigengewicht angepasst, ein Huf – was klingt, wie ein kurzes Zwischenspiel, zog sich einige Millionen Jahre hin. In Asien, Europa und der ursprünglichen Heimat Nordamerika entstanden neue Arten und verschwanden wieder. Sie wichen den eigenen Weiterentwicklungen und neuen Einwanderern. Im Zuge der Eiszeit kehrte sich der Strom um. Viele Tiere zogen auf der Flucht vor Kälte und ewig scheinendem Eis in Richtung Osten, zum Beispiel Elche, Bisons und Mam-

Die Felszeichnungen in der Höhle von Altamira in Spanien aus der Steinzeit sind rund 15 000 Jahre alt. Etwa 11 000 v. Chr. ist ihr Zugang eingestürzt und 1868 erst wurden sie entdeckt.

muts, gefolgt von ihren Jägern, wie Bären, Wölfe und Säbelzahntiger. Vor 14 000 Jahren ging die letzte große Eiszeit zu Ende, und die Landbrücke zwischen Amerika und Asien versank in der Beringsee.

Ironischerweise sind vor über 10 000 Jahren die Pferde ausgerechnet in ihrer Heimat Nordamerika ausgestorben, warum, weiß niemand. Dass Menschen sie ausgerottet haben könnten, erscheint unwahrscheinlich. Die Besiedelung durch Volksgruppen, die von Sibirien aus über die Landbrücke kamen und zu den Ureinwohnern Amerikas wurden, hat wenn, dann kaum nennenswert vor dem Verschwinden der Wildpferde begonnen. Auch in Asien und Europa verschwanden die wilden Herden, wenn auch viel später und sicher maßgeblich durch das Zutun des Menschen. Die Pferde fielen unter das jagdbare Wild, waren Nahrungskonkurrenten von Haustieren wie Rindern und Schafen oder gingen in Hauspferdepopulationen auf.

Neue Geschichtsschreibung

Die letzte noch existente Wildpferdeart ist das Przewalski. Benannt ist es nach dem russischen Forschungsreisenden Nikolai Michailowitsch Prschewalski. Im Jahre 1878 brachte er Schädel und Haut eines Exemplars des Tieres, das er erst für einen Halbesel hielt, aus Zentralasien mit nach St. Petersburg. Weitgehend unbekannt und dennoch nach heutigen Maßstäben bereits stark gefährdet, wurden nur 80 Jahre später, 1969, die letzten Exemplare in der Mongolei gesichtet. Denn nach ihrer Entdeckung setzte ein unglaublicher „Run" auf die Pferde ein. Naturkundler, aber auch Tierfänger und -händler, allen voran Carl Hagenbeck, fingen Fohlen unter aus heutiger Sicht grausamen Umständen ein und verfrachteten sie nach Europa. So überlebte es nur in Zoos und Gehegen. Dass wieder einige in der Mongolei umherstreifen, liegt vor allem daran, dass man einige ihrer Nachkommen in den 1990er Jahren auswilderte.

Allerdings: Der direkte Vorfahre unserer Hauspferde, vom Shire bis zum Shetty, ist das Przewalski nicht! Dies hatte man schon länger vermutet. Die falbfarbenen Pferde mit der charakteristischen Stehmähne haben 66 Chromosomen, Hauspferde nur 64. Neueste Forschungen machten diese Vermutung zur Gewissheit, der Weg von Przewalski und Hauspferd trennte sich vor etwa 120 000 Jahren. Doch wer ist es dann?

Es mangelt an Verdächtigen

Bis vor einigen Jahren hatte ein Wildpferd Streifen auf den Vorderbeinen zu haben, einen Aalstrich auf dem Rücken und eine Stehmähne – so die gängige Lehrmeinung. Es musste so aussehen wie das Przewalski, welches über die genannten Attribute verfügt. Demzufolge konnte keines der uns bekannten Pferde ein echter Wildling sein. Ihnen allen fehlt, ob nun Streifen oder Striche, die Stehmähne – auch dem Fjordpferd. Seine Stehmähne ist eine menschliche Modeerscheinung und fällt um bei zu großen Frisierintervallen. Anders als beim Przewalski unterliegen Schweif und Mähne beim Hauspferd nicht dem Fellwechsel, wachsen also ständig weiter und sprießen nicht alljährlich neu.

Aber es gibt ja noch den Tarpan, respektive, es gab ihn. Sein Name wird gern verwendet für sämtliche Wildpferde, die noch bis in das 19. Jahrhundert in wenig zugänglichen Regionen in ganz Europa und Eurasien in erstaunlicher Vielfalt aber bereits geringer Anzahl anzutreffen waren. Forschungsreisende früherer Jahrhunderte berichteten von regional sehr unterschiedlichen Farbschlägen und sogar getupften Pferden. Inwieweit es sich immer um reinerbige oder schon mit Hauspferden vermischte Populationen handelte, das weiß niemand. Da der Tarpan bereits ausgerottet war, als man sich die Frage nach dem Vorfahren unseres Hauspferdes erneut stellte, weil das Przewalski zunehmend unwahrscheinlicher wurde, kann nicht mehr ermittelt werden, ob er infrage kommt.

Es scheint ein Mysterium zu bleiben, welches Tier zum Stammvater der unglaublichen Vielfalt unserer heutigen Pferde wurde, sehr unbefriedigend angesichts der Bedeutung, die das Pferd in der menschlichen Geschichte hat. Fakt ist nur, dass es von der Erdoberfläche verschwand. Oder doch nicht? Tatsächlich sind noch viele Fragen offen, zum Beispiel, ob die portugiesischen Sorraias nicht die iberische Form des Tarpans sein könnten. Sie haben keine Stehmähne, die ein Wildpferd nach zoologischer Auffassung zu haben hat, sind aber auch nicht näher mit dem P.R.E. (Pura Raza Española) bzw. Andalusier verwandt, wie immer behauptet wurde, durch Genanalysen aber widerlegt wurde. Wo also kamen sie her, bevor sie der portugiesische Wissenschaftler Dr. Ruy d'Andrade 1920 im damals unzugänglichen Gebiet des Sorraia-Flusses in Portugal entdeckte? Die Wissenschaft ist noch jede Menge Antworten schuldig geblieben bislang.

Die Stehmähne haben Przewalskis, weil sie wie auch der Schweif dem Fellwechsel unterliegen. Sie sind echte Wildtiere, selbst in Gefangenschaft geborene Tiere sind praktisch unzähmbar, ein weiteres Indiz dafür, dass sie nicht die Vorfahren, sondern eher Vettern unserer Hauspferde sind.

Sind die Sorraias wie dieses Fohlen möglicherweise Wildpferde?

So ähnlich könnte auch der Tarpan ausgesehen haben.

Flucht- und Herdentier

Pferde sind Flucht-, Herden- und Lauftiere. Das ist hinlänglich bekannt. Aber auch wenn man nichts vom Pferd wüsste, nur, wie es aussieht, erschließt sich dies aus seiner „Ausstattung", die ihm die Evolution verpasst hat.

Weit oben und seitlich am Kopf befindliche Augen sorgen für Überblick, selbst beim Grasen, mit hoch erhobenem Kopf sowieso. Die Pupillen sind horizontal ausgerichtet – im Gegensatz zur Katze beispielsweise – und erlauben auch noch bei viel Sonne den Fast-Rundumblick. Nur, was im Korridor direkt hinter ihnen ist, können sie nicht sehen, ohne den Kopf zu wenden – wichtig zu wissen für den sicheren Umgang mit ihnen. Ebenso, dass diese Fähigkeit zu Lasten des dreidimensionalen Sehens geht. Schräg vor und neben sich sehen Pferde vor allem Bewegungen und nicht, wie weit ein Objekt entfernt ist.

Ein brauner Klumpen auf dem Boden kann für ein Pferd erst einmal alles sein – völlig harmlos oder ein lebensbedrohliches, sich zusammenkauerndes Raubtier. Es macht sich fluchtbereit, spannt den Körper, um notfalls in entgegengesetzter Richtung davonzustürmen, wendet aber gleichzeitig den Kopf so, dass es die vermeintliche Gefahrenquelle voll ins Blickfeld beider Augen bekommt. Fliehen oder bleiben – das ist die Frage. So kommen die Verrenkungen zustande, die Pferde gelegentlich zeigen. Und bewegt sich das Ding, macht es Geräusche, wie riecht es, greift es gleich an?

In Mitteleuropa ist so ein braunes Gebilde am Boden in der Regel ein Erdhaufen, jedenfalls kein Puma. Wenn sich etwas daneben bewegt, dann ist es die Distel im Wind, und was da raschelt, knirscht oder kracht ist ein Radler, ein Hund im Gebüsch oder das Rad, das umfällt. Das Pferd wird es nie erfahren, es ist nicht mehr da. Vielleicht kommt es aus Neugier wieder, doch bei zu vielen oder starken Eindrücken wird der Fluchtreflex ausgelöst. Anders, wenn ein versierter Pferdemensch auf seinem Rücken sitzt oder die Leinen führt, und es eine vernünftige Erziehung genossen hat. Dann nämlich vertraut das Pferd der Stimme des Menschen, der ihm erzählt, es solle sich nicht so anstellen. Natürlich versteht es die Worte nicht, doch sein Klopfen am Hals beruhigt es, und es widersetzt sich nicht seiner Einwirkung. Es stellt sich der „Gefahr", denn es hat gelernt, dass der Mensch fast immer Recht hat, noch nie wurde es von braunen Klumpen am Boden oder Traktoren angesprungen. Wenn es richtig gut läuft zwischen den beiden, dann glaubt das Pferd auch, dass, sollte dieser Fall doch einmal eintreten, sein Mensch den Angreifer pulverisieren wird. So wird aus einem jungen Angsthasen ein

in ungewohntes Geräusch
der eine flatternde Plastik-
üte können den Fluchtreflex
uslösen. Oft ist der Grund
r einem kollektiven Aufga-
pp ein anderer: Es scheint
n Pferden einfach nur
eude zu machen.

Polizeipferde

Polizeipferde sind im Einsatz scheinbar furchtlose Helfer. Sie mussten lernen, ihren Fluchtreflex zu unterdrücken und ihrem Reiter beinahe blind zu vertrauen. Im Training lernen junge Pferde an der Seite von erfahrenen, dass ihnen nichts passiert, wenn grölende und Fahnen schwingende Menschenmassen von Polizeikräften am Boden getrennt werden müssen.

erfahrener Begleiter, und es schreitet zwar wachsam doch selbstbewusst durch die Landschaft. Zugegeben – in der Praxis sieht es oft anders aus. Gerade junge oder sehr ausgebuffte Pferde und unerfahrene Reiter oder Lenker sind eine Kombination, die andere Bilder produziert. Im günstigen Fall enden sie mit einem Menschen als blindem Passagier auf dem Weg von einem Grasbüschel zum nächsten oder einem sehr kurzen Ausritt, weil „pferd" heute keine Lust hat.

Anpassung als Schlüssel zum Erfolg

Kaum ein Tier ist so anpassungsfähig wie das Pferd. Im Gegensatz zu Schwein und Hund kann es am ganzen Körper schwitzen – wie wir. Wo es kalt ist, lässt es sich ein üppiges Fell wachsen und es kann aus schlichtem Gras durch ein ausgeklügeltes Verdauungssystem mit einem ewig langen Darm reichlich Energie für das Überleben gewinnen. So kommt es, dass das Pferd fast alle Kontinente besetzte.

Schon der nächsten Verwandtschaft gelang dies nicht. Esel haben im Gegensatz zum Pferd keinen natürlichen Nässeschutz, ihr Fell ist nicht wasserabstoßend, da scheiden viele Regionen der Erde wie die unsere schon einmal aus.

Anders als viele andere Haustiere haben die meisten unserer Pferde auch die Fähigkeit, ohne den Menschen zu überleben, nicht eingebüßt.

Noch heute sind frei lebende Pferde eine äußerst erfolgreiche Spezies, wenn der Mensch sie lässt. Es gibt erwünschte, frei lebende Pferde in fast jedem Land in Europa von Spanien und Großbritannien bis nach Polen und von Dänemark bis nach Süditalien und Frankreich. Es sind Tiere bestimmter Rassen wie das Exmoorpony oder die Pferde der Camargue.

Und dann gibt es noch die anderen, die so recht niemand haben will, verwilderte Hauspferde wie die Mustangs in Amerika. Ihre Vorfahren sind die Pferde der spanischen Eroberer und die Arbeitspferde der ersten Siedler, nicht selten auch Kaltblüter darunter. Für Pferdefreunde ist es ein äußerst unerfreuliches Kapitel, wie dort mit den Tieren verfahren wird, die sich eine vor 10 000 Jahren verloren gegangene ökologische Nische zurückerobert haben. Ähnlich ergeht es auch den Brumbies in Australien und Neuseeland, wobei hinzugefügt werden muss, dass große Grasfresser dort niemals heimisch waren und ihr Einfluss auf das Ökosystem enorm sein kann. Wobei zumindest eine Auswirkung sehr positiv ist: Die Brumbies verhindern verheerende Buschbrände dadurch, dass sie das Buschwerk zwischen den Bäumen reduzieren. Dadurch besetzen sie eine ökologische Funktion, die früher die Aborigines erfüllt haben durch das kontrollierte und regelmäßige in Brand Setzen von Waldgebieten.

Und in noch einer Hinsicht sind gerade diese Pferde interessant. Sie zeigen, wie das Pferd leben würde, wenn es könnte, wie es will, wilde Vorbilder gibt es ja nicht.

ei lebende Mustangs in den USA.
berall, wo Gras wächst, können Pferde
erleben – das Klima kann ihnen
um etwas anhaben.

Pferde sind Herdentiere, doch ganz anders als beispielsweise das Zebra oder der Esel. Mustangs und Brumbies leben in wesentlich kleineren Gruppen, bestehend aus einem Hengst und höchstens einer Handvoll Stuten, Fohlen und den Jungtieren. Beobachtungen haben gezeigt: Die Jungtiere werden vertrieben, wenn bei ihrer Mutter die Geburt des nächsten Fohlens ansteht. Dann schlägt sie den Nachwuchs aus dem Vorjahr ab, und der Hengst vertreibt ihn – dies gilt für beide Geschlechter, ein natürlicher Schutz gegen Inzucht.

Oft zieht sich das Prozedere über Tage hin, weil die jungen Pferde die Herde nicht verlassen wollen, doch in der Regel gibt es kein Zurück mehr für sie. Die Hengste tun sich in Junggesellengruppen zusammen, bis sie alt genug sind, sich eine Stute zu erobern – ein Tag, der für manchen nie kommt. Die jungen Stuten werden meist schnell von einem führenden Hengst, je nach dessen Charakter mehr oder weniger ruppig, seiner Herde zugetrieben. Oft haben sie erst einmal eine harte Zeit, denn auch die Leitstute wird ihnen unmissverständlich klar machen, wo ihr Platz ist – zumindest anfangs ganz unten in der Hierarchie.

Halbwild bis wild lebende Populationen von Island bis Afrika. Die Maremma-Pferde der südlichen Toskana in Italien …

… Isländer …

… der „Nachbar" des Exmoors, das Dartmoor-Pony.

… das uralte und ursprüngliche Exmoor aus dem Südwesten Englands …

Was Pferde in der Lage sind auszuhalten, zeigen sie in einer der unwirtlichsten Regionen der Erde. Verwilderte Hauspferde in der Namib-Wüste in Namibia.

Im krassen Gegensatz: Die Pferde der Sumpf- und Seenlandschaft Camargue im Süden der Provence, Frankreich.

Pferd und Mensch

Zuerst näherte sich der Mensch dem Pferd in sehr existenzieller Absicht – er wollte es essen. Er erlegte es je nach Epoche mit Speeren, Pfeil und Bogen oder jagte es, seinen Fluchttrieb ausnutzend, steile Klippen hinab. Doch das war mühsam und zudem nicht ungefährlich.

Wildpferde dürften sich hartnäckig gegen Angreifer verteidigt haben, spätestens, wenn eine Flucht aussichtslos erschien. Auch ging ein Jäger beim Verlassen seines Dorfs immer das Risiko ein, selber zur Beute zu werden.

Schaf und Rind hatte der Mensch bereits domestiziert, und da lag es nahe, es auch mit dem Unpaarhufer zu versuchen. Wann und wo dies geschah, auch darüber gehen die Lehrmeinungen weit auseinander. Die einen behaupten, die Domestikation hätte sich mehr oder weniger parallel an diversen Orten zugetragen, denn die DNA einiger Pferderassen ist der fossiler Zeugen wilder Vorgänger ähnlicher als als der anderer Hauspferde. Daraus schloss man, dass ihre Domestikation an unterschiedlichen Orten mit den jeweils vor Ort verbreiteten Wildtieren stattgefunden haben muss. Neuere Studien aber legen einen anderen Schluss nahe. Forscher der Universität von Cambridge sammelten DNA-Proben von Litauen über die Ukraine bis nach Kasachstan und von Russland bis in die Mongolei. So rekonstruierten sie nicht nur die ehemalige Verbreitung der Wildpferde sondern auch die Geschichte ihrer Zähmung. Ihren Ergebnissen nach begann die Domestikation irgendwo in der Steppe des heutigen Kasachstans und der Ukraine. Und: Die Herden der Individuen, die sich zähmen ließen, wurden immer wieder aufgefrischt mit den jeweils vor Ort befindlichen Wildpferden, vor allem mit Stuten, denn sie sind grundsätzlich einfacher zu halten als Hengste. So erklärt die Wissenschaft die hohe Variabilität in der mütterlichen DNA unserer Hauspferde.

Kaum hatte der Mensch das Pferd gezähmt, dachte er darüber nach, wie er es noch nutzen konnte, außer es aufzuessen – oder wenigstens bis dahin. Erst hängte er ihm Lasten an, dann schnallte er sie ihm auf den Rücken und schließlich landete er selbst da oben. Wie sich das abgespielt haben mag, ist nicht überliefert, vielleicht war es so:

Viehhalter in der Steppe waren meist Nomaden, und der nächste Umzug stand bevor. Das mobile Heim wurde auf die Tiere und Schleppen, später Karren geladen, Rinder und Pferde wurden mit einfachen Geschirren aus Lederstreifen und Seilen angespannt und von den Menschen geführt. Die älteren Kinder mussten sicher helfen, die kleinen rannten umher, bis sie müde waren, dann saßen sie auf den Schleppen oder Karren. Aber vielleicht war da kein

Kasachstan kam der Mensch wohl erstmals
...auf, aufs Pferd zu steigen. Noch heute treiben
...madisch lebende Volksgruppen das Vieh zu Pferd.

Eine von etwa 5000 Fels-
zeichnungen in Tamgaly
im östlichen Kasachstan.

...den Mongolen ist das Pferd fester Bestandteil des
...äglichen Lebens, aber auch bei festlichen Anlässen
...d Reiterspielen.

Der Berber, die wohl älteste
Rasse der Erde. Mitbegrün-
der vieler anderer Rassen
und in Europa das Pferd
der Könige und Fürsten,
in seiner Heimat bis heute
das der Tuareg.

Platz mehr, und so setzte eine Mutter einen ihrer Sprösslinge zum Gepäck auf den Rücken eines Pferdes. Vielleicht sollte es auch nur die Last sichern. Natürlich ist das reine Spekulation, aber wer je gesehen hat, wie ein Kindergesicht zu Pferde strahlt, mag glauben, dass ein Erwachsener auf die Idee gekommen ist, es auch mal zu versuchen. Vielleicht war es auch ganz anders und ein junger Mann sah abends die Pferde über die Weide jagen und dachte sich, dass es ein wunderbares Gefühl sein muss, zum Teil des wilden Treibens zu werden. Ob der erste Reiter je daran dachte, was für eine Welle er auslösen würde, die die menschliche Geschichte so weitreichend beeinflussen würde und das Schicksal der gesamten Menschheit ändern würde – das erscheint doch viel weiter hergeholt, oder?

Ein König-
reich ...

... für ein Pferd. Richard III. taumelt über das Schlachtfeld. Seine Truppen sind geschlagen, sein Pferd getötet. Es gibt keinen Ausweg mehr, und er nimmt sich das Leben. So schrieb es Shakespeare nieder. Eine tragische Geschichte, die aber eines zeigt: Ohne Pferd war man damals aufgeschmissen.

Während sich höherrangige Offiziere und Fürsten hoch zu Ross durch Schlachten und Jahrhunderte schlugen, sorgten andere für Essentielleres, zum Beispiel, dass zu Hause Essen auf den Tisch kam und der Ofen warm wurde.

So lange ist es noch gar nicht her, dass Ochse und Pferd die Pflüge zogen und Holz aus dem Wald und mit der Hilfe von Ponys Kohle zutage gefördert wurde. In anderen Teilen der Welt, und die sind zum Teil nicht weit weg, ist es bis heute so.

Pferdestärken im Arbeitsgeschirr

Seit der Erfindung des Kummets im Mittelalter hatte sich die landwirtschaftliche Arbeit mit Pferden kaum verändert. Zwar wurden die Maschinen, die sie beispielsweise beim Säen zogen, in ihrer simplen, aber genialen Mechanik immer ausgefeilter, und auch die Pferde veränderten sich. Doch die Arbeit an sich blieb fast die gleiche.

„Sie müssen sich a bissl nach mir richten, wegen einem Termin. Aber am Wochenende da geht's, da sind alle auf Turnier." Unter der Woche bekocht sie Familie und Angestellte jeden Mittag. Am Nachmittag longiert sie das Nachwuchsspringpferd und manchmal ihre Zuchtstuten, wenn keiner zum Reiten kommt. Diese Frau ist ein Phänomen. 83 Jahre ist sie alt und über 70 davon arbeitet sie mit Pferden – bis heute. Reiten tut sie nicht mehr, „wissen's, die Hüfte". 12 Jahre war sie gerade einmal, als sie das erste Mal mit einem Kaltblüter aufs Feld ging. Ihre drei Brüder waren im Krieg, zwei Schwestern zu jung, die ältere konnte mit Pferden nichts anfangen, und der Vater „hatte ein kurzes Bein", wie Hedwig Steindl sagt. Von den Pferden war nur Kaltblüter Moritz der Familie geblieben, alle anderen hatte das Militär zu Beginn des Zweiten Weltkrieges requiriert.

Moritz und Hedwig, kurz Hedi, fangen morgens um halb acht an. Erst wird Futter gemäht für die Tiere im Stall, dann knapp eine Stunde Frühstückspause für Hedwig und zweites Frühstück für Moritz, schließlich muss er heute wieder hart ran, anschließend ziehen beide eine Furche nach der anderen. Von 11 Uhr bis 13 Uhr hat das Pferd Pause zum Fressen und Erholen, bevor es wieder weitergeht bis in den Abend. In der Regel hat Moritz etwa um fünf Uhr Dienstschluss, außer, es sind nur noch ein oder zwei Furchen, dann kann es auch mal später werden. Schließlich kommen sie heim, das dünne Mädchen und der um die 800 Kilogramm schwere Moritz. „Mit Moritz bin ich gern rausgegangen. Das Schlimmste war für mich, wenn ich mit dem Ochsen zum Pflügen musste. Des war so ein Mistviech, der hat mich so geärgert, dass ich direkt manchmal geweint hab", sagt Hedwig Steindl. „Wenn der Pflug aus der Furche gesprungen ist, dann musste der ein bissl zurück, damit man den wieder einsetzen kann. Aber des Viech des, keinen Meter, nicht an Millimeter ist der zruck, ned ums Verrecken." Mit Moritz hatte sie derlei Probleme nicht, er tat alles wie geheißen. Als sie 17 Jahre war, übernahm sie

Hedwig Steindl mit einem selbst gezogenen Fohlen.

schon einige Dienste mit Pferd für die Nachbarn. Damals wuchs in ihr der Wunsch, dauerhaft mit Pferden zu arbeiten, sie spürte, dass sie einen guten Zugang zu ihnen hat, und es machte ihr große Freude. Inzwischen hatte Hedwig geheiratet und war umgezogen auf den Hof ihres Mannes knapp 20 Kilometer weg von daheim nach Thurnsberg im Landkreis Freising, ein Ort mit nur ein paar Höfen.

Die zehn Kühe hatten sie abgeschafft, als das Milchgeld die Kosten immer weniger deckte. Sie haben die meisten an andere Milchbauern verkauft, um sie nicht zum Schlachter geben zu müssen. „Es hat mich so erbarmt, die Viecher wegzugeben. Da wollte ich wenigstens schauen, dass sie gut unterkommen." Stattdessen hatten sie begonnen, Warmblüter zu züchten und Pferde einzustellen. „Mein Mann hat mich des alles machen lassen. Er war ja kein Pferdemann, manchmal ist er ein bisschen geritten und hat dann immer im Spaß geschimpft, dass ich den Pferden mehr zu fressen geben soll. Weil immer, wenn er drauf saß, sind sie irgendwo stehen geblieben und haben gegrast." Er macht daheim den Gasthof, sie die Pferde, und so hatte jeder seins und keiner hat dem anderen hineingeredet. Sie bekommen vier Söhne, dann, Anfang der 1980er Jahre, war es soweit, sie wollte wieder mit Kaltblütern arbeiten. Die Gaststätte musste

Lieber heimlich schlau

Wie intelligent Pferde sind, darüber wird gern gestritten. Viele Besitzer sind natürlich der Meinung, ihr Pferd sei wahnsinnig intelligent, andere sehen das genau gegenteilig. Vielleicht liegt es vor allem am Menschen selber, denn unter Angst oder Einschüchterung lernen Pferde, und nicht nur sie, sehr schlecht. Aber sie verfügen über ein komplexes Sozialverhalten, in dem sie sich zurecht finden müssen, schließen Freundschaften, die oft ein Leben lang halten, und wenn sie Zeit und Ruhe haben, ist es erstaunlich, wie sie in der Lage sind, Zäune, Boxenverriegelungen oder einen Reiter auszutricksen. In jüngster Zeit beschäftigen sich diverse Studien ausgiebig mit der Intelligenz von Pferden. Bei den Fragestellungen zweifelt man gelegentlich allerdings am Grips der Wissenschaftler. Zwei Beispiele: „Können Pferde ihnen bekannte Menschen voneinander unterscheiden?" oder „Erkennen sich Pferde einer Herde am Wiehern?" Au weia!

ihr Mann aus gesundheitlichen Gründen aufgeben, da musste anderweitig Geld ins Haus. Holzrücken im Wald mit Kaltblütern zu der Zeit, in der die Mechanisierung den Pferden längst den Rang abgelaufen hatten, und eine Renaissance noch in weiter Ferne lag, dazu von einer Frau – Hedwig Steindl wurde bald zur mittleren Sensation in Forstkreisen. Gern erzählt sie die Geschichte, wie Studenten und Forstbeamte nach ihr im Wald gesucht haben. Als sie sie schließlich fanden, waren sie einigermaßen erschöpft und höchst erstaunt. „Wir haben gemeint, wir hören da jemanden schreien, Peitsche knallen oder Ketten klirren. Wir sind ja a paar Mal da vorbei, aber weil wir nix gehört haben, haben wir gemeint, sie wären ganz woanders." Hedwig Steindl arbeitete in einem kleinen Tal, wo kein Traktor hinkommt, um die Stämme zur Forststraße zu schleppen. Still geht es zu und konzentriert. Vier Worte braucht sie: „wüst" heißt links, „hott" rechts, „wia" vorwärts und „jöh" steh. Sie hat gar keine Peitsche und die Leinen hat sie an manchen Tagen so gut wie gar nicht angefasst. Die gesamte Kommunikation geschieht mit diesen vier Worten und viel mehr Gesten. „Lori hat immer geschaut, was ich mach. Wenn der Stamm angehängt war, dann hat's gewartet, bis ich weit genug weg bin, dann erst hat's angezogen." Ihre Pferde sind Maxl, der „Schwedenfuchs", wie Steindl ihn nennt, und eben Lori, die Belgierstute. „Die Lori war ganz a fleißige, und der Maxl war auch recht, aber schon a bissl a Hund. Der hätt' die Lori immer ausgetrickst beim Anziehen."

*'m Salzburger Land sind die Kummets traditionell mit Dachsfellen unterlegt,
veil man glaubte, dass der Geruch die Luchse vom Gespann fernhalten würde.*

Kleine Geschirrkunde

Stränge, die Leinen, die vom Kumt des Pferdes die Kraft auf das Gerät hinter ihnen übertragen, sind an einem Ortscheit befestigt, der die beiden Stränge hinter dem Pferd auseinanderhält, sodass sie nicht zwischen dessen Beine geraten. Geschieht es doch, hat meist das Pferd „über die Stränge geschlagen".

Der Ortscheit ist am Wagen mit dem sogenannten Nagel befestigt, einem ordentlichen Bolzen. Oder am Ortscheit sind die Ketten, die um den Baumstamm gelegt werden beim Holzrücken.

Bei zwei Pferden sind beide Ortscheite jeweils an der Last verankert, der „Sprengwaage" oder „festen Bracke". Anders bei der Spielwaage. Hier sind die beiden Ortscheite zwischen sich und der Last beweglich noch einmal miteinander verbunden.

Die Spielwaage ist zwar schwerer zu steuern und nicht geeignet, um junge Pferde einzufahren, hat aber den Vorteil, dass das fleißige Pferd, das, das vorne geht, weniger ziehen muss als das faule, das zurückbleibt. Außer es heißt Maxl, dann trickst es beide aus, Geschirr und Kollegin. In der Landwirtschaft hat sich diese Anspannungsart aber bewährt.

Welche Art der Anspannung die passende ist, liegt nicht zuletzt am Temperament der Pferde. Hochblütigere Pferde haben eher die Tendenz, sich gegenseitig „aufzuheizen", eignen sich also eher für die Sprengwaage, während Kaltblüter sich gern ein wenig Konkurrenz machen dürfen im Sinne eines höheren Grundtempos. Verallgemeinern lässt sich dies aber nicht.

Sie arbeiten mit schwerem Kummet und Spielwaage. Das Pferd, das hinten bleibt, hat mehr Last zu ziehen. Darum entsteht zwischen den Pferden ein gewisses Interesse, die Nase vorn zu haben. Während Lori also brav wartete, bis sie die Stämme anzog, ging Maxl gern mal einen halben Schritt vor, um seiner Kollegin beim Anschleppen die Hauptlast zu überlassen. Ist der Stamm erst einmal in Bewegung und auf vielleicht nassem Laub, wird es leichter. „Aber ich hab schon immer aufgepasst, dass er es nicht übertreibt, der Hundling", Steindl lacht.

Die Pferde müssen die Stämme den Hang hochziehen, schwer und anstrengend. Da braucht es Pausen. Den Zeitpunkt bestimmten die Tiere selber. „Die wussten doch, wann sie durch-schnaufen müssen", sagt Hedwig Steindl. „Es ging dann schon wieder weiter, die wollten ja auch fertig werden."

Ein Forststudent schrieb damals seine Diplomarbeit über den Einsatz von Pferden im Wald. Tagelang ging er mit Steindl und den Pferden, erfasste Waldschäden und Effizienz. Vor allem war er beeindruckt von der Ruhe und der stillen Übereinkunft zwischen Mensch und Pferd. Irgendwann haben sie den letzten Stamm den Hang hinaufgezogen. Welcher das war, wusste vor allem Maxl. Steindl hätte ihnen befehlen können, noch weiterzumachen. Doch meist tut sie es nicht. Lori und Maxl haben ihr Tagwerk geleistet und sie sollten es noch möglichst viele Jahre können. Mitte der 1990er Jahre hat sie das Holzrücken aufgegeben, da ist sie 65 Jahre alt. Die brave Lori ging in die Zucht und Maxl wurde verkauft. „Das letzte Mal, dass ich ihn besucht hab, da war er bald 29 Jahre und brachte das Holzrücken anderen bei in einer Holzrückeschule."

Pferde lassen sich gern belohnen – bestechen auf Dauer aber nicht.

SPECIAL: DAS VERTRAUEN MUSS MAN SICH VERDIENEN ...

Es gab sie schon immer, die, die mit Pferden besonders gut umgehen konnten. Ihnen wurde Pferdeverstand bescheinigt, weil sie diese besonders gut verstehen. Denen sie gehorchten, ohne sie zu fürchten. Die sie respektierten und ihnen vertrauten und die darum volle Aufmerksamkeit und Leistung bekamen. Kurz: Menschen, mit denen Pferde durch dick und dünn gehen und notfalls auch übers Wasser laufen. Das Mysterium des Pferdes ist, dass es vieles von alldem auch bei einem Menschen tut, den es fürchtet. Er muss ihm nur mehr Angst vor der Strafe bei Nichterfüllung als vor der Aufgabe machen. Auch diesen Menschenschlag gab es schon immer – und sämtliche Schattierungen dazwischen.

Erstere nennt man heute gern Pferdeflüsterer, manche sind es, deutlich mehr halten sich dafür. Viele sind nur allzu gern bereit, ihr wie auch immer geartetes Wissen unter die mit Pferden befasste Menschheit zu bringen. Primär ist auch nichts Ehrenrühriges daran, damit Geld zu verdienen. Erstaunlich allerdings ist die Bereitschaft der Adressaten jeweiliger Botschaften, wirklich jeden Schmarrn zu glauben, ja geradezu aufzusaugen. Ob jene nun gemeinsame Leibesertüchtigung mit dem Pferd proklamieren, das Schwingen bunter Stricke und Stöckchen, eigene Schultern im genau festgelegten Winkel drehen und wenden oder wohlklingende Namen vergeben für die Kommunikation mit dem Pferd nach Methode – die natürlich jeder lernen kann, der entsprechende Hilfsmittel und Literatur erwirbt – eines sind sie alle nicht: gewaltfrei. Sie haben aber gemeinsam, dass sie genau das behaupten. Ob psychischer Druck, der den Charakter des Pferdes geradezu abwürgt oder Schläge, übermäßige Härte ist kategorisch abzulehnen, darum halten wir uns gar nicht länger damit auf.

Wie ein Pferd richtig erzogen und gefördert werden kann, das hängt von der Persönlichkeit beider ab – Pferd und Mensch – und wie sie zusammen agieren können. Schon allein insofern kann man sich von bestimmten „Methoden" höchstens das eine oder andere abgucken, was zu einem passt. Es ist ein bisschen wie bei uns selber. Für den Chef, der sich selber reinkniet, kompetent ist und souverän, arbeiten wir gern. Aber bei Cholerikern und solchen, die uns manipulieren, ist die Freude begrenzt. Vertrauen wir ihnen? Und fast noch wichtiger: Können sie uns vertrauen? Wer mit Pferden arbeitet, ist der Chef und muss ihnen vertrauen können. Erst Recht, wenn auch noch dicke Baumstämme im Spiel sind oder man sich mit ihnen im Straßenverkehr bewegt, und das tut fast jeder, der mit seinem Tier die sichere Reitbahn verlässt.

Vom Landschlag zum Rassepferd

Mehrere Faktoren prägen die Erscheinung eines domestizierten Tieres. Dazu zählten anfangs vor allem äußere Gegebenheiten wie Klima und Futterangebot. Im Laufe der Zeit aber zunehmend, welche Tiere der Mensch seinen Wünschen entsprechend miteinander anpaart.

Pferde wurden inzwischen auch im Krieg eingesetzt, denn berittene Truppen verschafften unglaubliche Vorteile – immer größere Gebiete konnten erobert werden, Bodentruppen hatten gegen Reiter praktisch keine Chance. Hunnen und Mongolen hatten primitive, aber zähe Pferde, die Beduinen begannen um 600 n. Chr. mit der Zucht des Arabers, der besonders schnell und ausdauernd war. Sie pflegten wohl auch als erste einen sehr engen Kontakt mit den Tieren, von denen sie erwarteten, dass sie menschenbezogen und treu waren. In Europa wurden schwere Pferde als Zugtiere eingesetzt, mit der Erfindung des Kummets auch vor dem Pflug. Es erlaubte, die Kraft der Tiere viel besser auszunutzen als mit den Leder- und Seilgeschirren zuvor. Wer es sich leisten konnte, pflügte nun nicht mehr mit Ochsen, sondern Pferden, die schneller und auch ausdauernder waren. Im Mittelalter waren auch die Kriegspferde besonders kräftig, mussten sie doch Reiter samt Rüstung schleppen. Als allerdings das Schießpulver erfunden wurde und eine abgefeuerte Kugel eine Rüstung mühelos durchschlug, wurde diese überflüssig und die Pferde wieder leichter und schneller. Elegante Pferde zogen die Kutschen von Fürsten, dienten ihnen als Reittier auf Reisen oder bei der Jagd. Die Pferdezucht war in Europa längst Chefsache, die Bereitstellung von gut geeigneten Tieren in ausreichender Anzahl ein wichtiger Wirtschaftsfaktor.

Im Dienste der Majestät: Pferdeagent

Sein Name war Fechting, von Fechting. Er war einer der Pferdeagenten, die ausgeschickt wurden, und wohl eine schillernde Persönlichkeit, der Baron von Fechting, immerhin soll er das Vorbild für die Strauß-Operette „Der Zigeunerbaron" gewesen sein. Zwei Sachen sind

ne Herde Gidran, unter die sich auch ein Schimmel
rirrt hat. Gidrane sind immer Füchse.

sicher: Der Baron war weit gereist, bis ins Nedjedhochland in Ägypten, und er hatte ein gutes Auge für Pferde, denn er brachte 1810 den Araber-Hengst Gidran und die von ihm trächtige Stute Tiflis ins damalige Österreich.

Der importierte Hengst sollte eigentlich zur Veredelung und Auffrischung der Lipizzaner dienen, doch es gab eine Änderung im Plan, und man führte ihn der spanischen Stute „Arogante" zu. Der Spross dieser Verbindung, Gidran II, vererbte so sensationell, dass er eine eigene Zucht begründete, die seinen Namen erhielt.

Nicht jeder Pferdeagent war so erfolgreich, doch Experten, meist Männer von Stand, waren in Asien, Nordafrika und Europa unterwegs, um Pferde zu begutachten und die besten für die Zucht zu erwerben. Ein weiterer von ihnen war der Baron von Herbert, der 1836 den Hengst Shagya in Syrien von dem Beduinen-Stamm der der Bani Saher kaufte. Von diesem wird noch die Rede sein. Die Pferdezucht war ein wichtiger Wirtschaftszweig, und es wurden „Modelle" für viele Einsatzgebiete benötigt – das Militär, aber auch zu Repräsentationszwecken und zur Zerstreuung, nicht zuletzt und vor allem aber für die Arbeit auf dem Feld und für den Transport.

Die Dicken kommen

Ein besonderes Augenmerk lag auf der Zucht von Arbeitspferden. Jede Region verfügte über Landschläge, die vor Ort entstanden und an die Region gut angepasst waren. Ziel der planvollen Zucht war es, sie eventuell durch Einkreuzungen anderer Schläge und Rassen gemäß den eigenen Anforderungen noch zu verbessern. Die Bevölkerung musste sich ernähren kön-

nen, aber auch die wachsende Stadtbevölkerung mit. Kriege, Unterhalt der Truppen und der Staatsapparat, all das kostet Geld, finanziert – heute wie damals – durch Steuern. Zu der Grundsicherung durch die Landwirtschaft kamen Handel und Transport von Gütern – ohne kräftige und gesunde Pferde undenkbar. Bei einem Blick auf unsere Straßen jetzt ist es schwer zu glauben, doch nicht zuletzt durch zwei Weltkriege, in dessen Wirren die Industrialisierung erst einmal auf der Strecke blieb, ging ohne Pferd und Zugrinder fast nichts in der Landwirtschaft bis in die 1950er Jahre hinein.

Mitte des 19. Jahrhunderts hatte man in Deutschland ein Problem, das man in seinen Nachbarstaaten nicht kannte – zu wenig PS. Die deutsche Landwirtschaft war sozusagen untermotorisiert. Feld- und Zugarbeit verrichtete man mit den regionalen Landschlägen, den schweren Warmblütern wie Württembergern, Oldenburgern, Holsteinern und all den anderen. Doch mit der Modernisierung der Landwirtschaft, intensiverer Bodenbearbeitung und dem wachsenden Güterverkehr benötigte man schwere Zugpferde, also Kaltblüter. Bis etwa 1850 gab es diese in Deutschland nicht. Einmal mehr wurden Pferdekenner beauftragt, Tiere einzukaufen, umfangreiche Importe begannen. Je nach Region bediente man sich vor allem anfangs Pferden aus dem jeweils benachbarten Ausland. So entstand beispielsweise das Rheinisch-deutsche Kaltblut auf Basis der Belgier und Ardenner, das Süddeutsche Kaltblut unter anderem auf der von Österreichs Norikern. Zuchtverbände formulierten die gewünschten Zuchtziele, ihnen entsprechend wurden Pferde weiterer Rassen importiert, um innerhalb

In ländlicher Zucht brachte der Halter einen Hengst zur rossigen Stute oder die Stute zum Hengst.

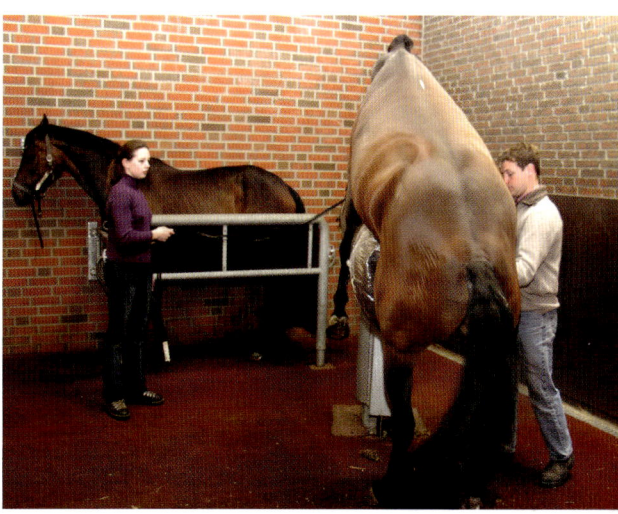

Zucht heute

Die meisten Zuchten arbeiten inzwischen mit künstlicher Besamung. Dazu wird der Hengst, der sich redlich auf einem Phantom bemüht, abgesamt und das Ergebnis in kleinen Portionen an die Stutenhalter verschickt. Die Stute vor dem Phantom dient als „Animierdame".

weniger Generationen ein einheitliches Erscheinungsbild der Pferde und die gewünschten Eigenschaften zu erhalten – eine eigene Kaltblutrasse.

Die Epizentren der Pferdezucht waren und sind teilweise noch immer die Staatsgestüte unterschiedlicher Ausrichtung. In Landgestüten werden ausgewählte Hengste privaten Züchtern, oft Bauern, zur Verfügung gestellt. Traditionell sind dies vor allem Hengste von Arbeitsrassen, aber auch solche zur Veredelung und Blutauffrischung derselben. Hat ein Landwirt eine Stute, für die er sich einen Hengst wünschen würde, der etwas mehr Fundament vererbt oder – ganz im Gegenteil – etwas mehr Bewegungspotenzial durch ein leichteres Exterieur, kann er sich dort einen Hengst aussuchen. Dieser muss allerdings für die Rasse der Stute zugelassen sein, so soll ausgeschlossen werden, dass planlos durcheinander gekreuzt wird. Bei jeder Zucht wurde penibel Buch geführt und so lassen sich die Stammbäume von eingetragenen Pferden nicht selten bis zu ihren Anfängen verfolgen – wer kann das schon von sich behaupten. Zudem werden dort ausgebildet: Pferd und Mensch.

In Hauptgestüten stehen nicht nur Hengste, sondern auch Stuten und die jeweilige Nachzucht.

In früheren Reichen wie der K.-u.-K-Monarchie oder Preußen wurden viele Pferde gebraucht, durch die unterschiedlichen Einsatzgebiete und „Berufe" der Pferde entwickelte sich eine einzigartige Vielfalt der Pferdezucht, die, im Gegensatz zur Donaumonarchie oder dem Erzrivalen im Nordosten, bis heute besteht.

Alter Adel auf neuen Wegen

Das Gestüt Kladruby nad Laben ist das älteste noch existente der Welt. Königshäuser, die etwas auf sich hielten, spannten zu repräsentativen Zwecken die Schimmel an, und sie tun es wieder. 1994 kaufte das dänische Königshaus sechs Schimmelhengste als Karossierpferde. Das schwedische Königshaus besitzt seit 2005 Altkladruber. Echter Chic kommt eben nie aus der Mode.

Bis heute werden dort Altkladruber-Pferde gezüchtet, erfolgreich im Sport präsentiert und nicht zuletzt wird ein altes Kulturerbe bewahrt. Das Gestüt in den Elbniederungen etwa 75 Kilometer östlich von Prag gehört zu den traditionsreichsten Zuchtstätten der Welt und beherbergt die Nachkommen jener barocken Prunkpferde, die der Wiener Kaiserhof dort einst züchten ließ. Bereits im 12. Jahrhundert wird Kladruby erstmals schriftlich erwähnt, am Ende des 15. Jahrhunderts gelangte es in den Besitz von Wilhelm von Pernstejn. Er ließ die ersten Gestütsgebäude anlegen und das Elbflussbett für Weideflächen trockenlegen. Bis in die erste Hälfte des 16. Jahrhunderts blieb Kladruby im Besitz der Adelsfamilie. Bei allen Neuerungen, die im tschechischen Nationalgestüt Einzug gehalten haben, ist ein Besuch immer noch eine kleine Zeitreise.

Diese beginnt heutzutage im Schloss, Herzstück der großzügigen Anlage, und führt zurück ins Jahr 1560. Erzherzog Maximilian, der spätere Kaiser Maximilian II., der zudem auch König von Böhmen war, erhielt das Pardubicer Herrschaftsgebiet einschließlich des Kladruber Wildgeheges als Krönungsgeschenk. Er stellte dort einige Pferde unter, die er aus Spanien mitgebracht hatte, und ließ ein Schloss errichten. Der ursprünglich einstöckige Renaissance-Bau wurde im Laufe der Jahrhunderte stetig verändert und diente wohl vor allem der Beherbergung von Gästen.

Auch heute sind Gäste willkommen. Das Gestüt bietet Reit- und Fahrkurse wie auch Kutschfahrten durch die historische Parklandschaft, das ehemals kaiserliche Jagdgebiet. Die Stallungen bestehen aus dem Stall der Schulpferde, drei großzügigen Stutenlaufställen und dem Stalltrakt der Deckhengste.

Der Gestütsalltag folgt einem festgelegten Rhythmus. Zucht, Aufzucht und Ausbildung von Pferd und Reiter gehen Hand in Hand. Während einige Gestüter früh morgens im Innenhof

n Bild wie vor fast 200 Jahren:
adruber Hengste bei einer Gestütsparade.

Stuten zur Bedeckung vorbereiten und die Hengste herbeiführen, verteilen andere das Heu in den großen Laufställen der Mutterstuten und Fohlen, bevor diese später geschlossen die Anlage verlassen und begleitet von einigen Pflegern zu den Weiden marschieren.

Lebendige historische Schätze

Der Altkladruber gehört zu den Warmblutpferden im Typ eines repräsentativen Wagenpferdes. Er wird ausschließlich in den Farbschlägen weiß und schwarz gezüchtet. Besonderes Merkmal ist der ausdrucksvolle Kopf mit der charakteristischen Ramsnase. Altkladruber werden seit jeher auf spezielle Fahrpferdequalitäten, einen ausgeglichenen Charakter und Nervenstärke sowie ausgezeichnete Leistungsbereitschaft selektiert. Dadurch sind ihre heutigen Einsatzmöglichkeiten sehr vielseitig. Die Paradedisziplin bleibt jedoch das Fahren. Zudem finden die Pferde Liebhaber unter den Barockreitern und werden auch als Freizeitpferde geschätzt.

Früher wurden die Altkladruber ausschließlich zu festlichen Anlässen vor den prunkvollen Kutschen bei Hofe eingesetzt. Nach spanischem Brauch waren es ausschließlich Hengste. Ihr eindrucksvolles Erscheinungsbild und die kadenzierten Gangarten, gepaart mit einem guten Charakter und ausgeglichenem Temperament, machten sie nicht nur zu repräsentativen, sondern vor allem auch zu zuverlässigen Galapferden. Die Hauptaufgabe des Hofgestüts bestand darin, dem Wiener Hofmarstall jederzeit zwei Achtspänner Schimmelhengste für staatliche sowie zwei Achtspänner Rapphengste für kirchliche Anlässe zur Verfügung stellen zu können.

Zum kaiserlichen Hofgestüt wurde das ursprüngliche Kladruber Wildgehege 1579 durch Kaiser Rudolf II., den ältesten Sohn von Maximilian II., erhoben. Die urwüchsige Gegend war damals noch geprägt von Wäldern und Sumpfgebieten mit mächtigen Eichen. Die Zucht erfolgte mit Pferden altspanischen und neapolitanischen Ursprungs in einer halbwilden Form. Das heißt, die Stuten waren die meiste Zeit des Jahres sich selbst überlassen, und während der Decksaison lief der jeweils ausgewählte Hengst frei mit den ihm zugedachten Stuten.

Ganz genau lassen sich die Wurzeln nicht zurückverfolgen. Eventuell vorhandene Unterlagen wurden zu Beginn des Siebenjährigen Krieges, bei dem das Gestüt in Schutt und Asche gelegt wurde, vernichtet. Ein Jahr nach Kriegsbeginn brach 1757 ein weiteres Feuer aus. Während man in Kladruby den österreichischen Sieg über den Preußenkönig Friedrich II. in der Schlacht von Kolin feierte, vernichtete ein Brand auch noch Schloss, Kirche und Pfarrhof sowie mögliche letzte Quellen über das damalige Zuchtgeschehen. Zum Glück hatte man die Pferde aufgrund des Krieges bereits rechtzeitig nach Ungarn und in das Gestüt Koptschan evakuiert.

Der Wiederaufbau des Gestüts und die Rückkehr der Pferde erfolgte ab 1770 durch Kaiser Josef II. Unter seiner Federführung erhielten das Gestüt sowie die umliegende Landschaft englischen Charakter.

Auch Kaiser Franz Josef I. und Kaiserin Elisabeth ("Sissi") waren regelmäßig in Kladruby zu Besuch, wenn sie zu dem großen Pardubicer Steeplechase reisten. Elisabeth war von Jugend an als hervorragende und waghalsige Reiterin bekannt.

Zuchtgeschichte trifft Gegenwart

Das Haupteinsatzgebiet des Altkladrubers als adliger Karossier und die Zucht der Altkladruber Pferde verlor nach der Verstaatlichung 1918 zunehmend an Bedeutung. Um 1930 waren die Altkladruber Rappen sogar vom Aussterben bedroht. Zu Zeiten des Kommunismus wurde das Gestüt als landwirtschaftlicher Großbetrieb geführt, und es gab kaum Möglichkeiten, die Pferde im internationalen Sport außerhalb Osteuropas zu präsentieren. Ihren Fortbestand verdanken die Altkladruber-Pferde letztendlich ihrem Status als einzige bodenständige Pferderasse Tschechiens und vor allem dem Engagement verantwortungsvoller Betriebsleiter sowie der Passion einiger Hippologen. Seit 1992 bilden die Gestüte Slati any und Kladruby gemeinsam das Nationalgestüt Kladruby nad Labem und unterliegen dem Landwirtschaftsministerium in Prag. Insgesamt ist die Population wieder gestiegen, gehört aber noch immer mit weltweit etwa 1 300 Pferden zu den bedrohten Pferderassen.

Sabine Heüveldop

Stuten und Fohlen auf dem nergendlichen Weg zur Weide.

Zwei der prächtigen Hengste.

Charakterköpfe – ein prachtvoller Kladruber Hengst.
Die Rappen waren einst dem hohen Klerus vorbehalten.

Lebendige Kulturerbe-stätten und Kompetenz-zentren für das Pferd

Die europäischen Staatsgestüte stammen aus einer Zeit, in der der Hufschlag des Pferdes das Tempo in der Landwirtschaft, im Transportwesen, in der höfischen Repräsentation, im Krieg und im Frieden bestimmte. Das heißt aber nicht, dass man sie heute nicht mehr braucht.

Die Qualität der Pferde war ein entscheidender Faktor für die Produktivität und den militärischen Erfolg eines Staates. Nur ein Beispiel: In Frankreich war der erste Minister Ludwigs XIV. auch verantwortlich für das staatliche Gestütswesens. Während der Französischen Revolution wurden die Nationalgestüte zwar geschlossen, doch Napoleon eröffnete sie wieder und fügte gleich eine Reihe staatlicher Zuchtstätten hinzu. Immerhin hatte er die Eroberung Europas im Sinn und ohne gute Pferde wäre er vermutlich nicht allzu weit gekommen.

Die Habsburger gründeten bedeutende Zuchtstätten in der ehemaligen Donaumonarchie. Einige von ihnen bestehen bis heute in den Nachfolgestaaten weiter, wie das tschechische Nationalgestüt Kladruby nad Labem, das slowenische Nationalgestüt Lipizza, Radautz in Rumänien oder die ungarischen Staatsgestüte Bábolna und Mezöhegyes. Die wichtigsten Pferdezüchter auf deutschem Boden und – wen wundert's? – die erfolgreichsten Herrscher ihrer Zeit waren die Preußen. 1786 wurde die „Königlich-Preußische Gestütsverwaltung" ins Leben gerufen, der sechs Gestüte und 16 Hengstdepots mit mehr als 2000 Hengsten unterstellt waren. Vielleicht die berühmteste Pferdezuchtstätte überhaupt war das 1732 gegründete Hauptgestüt Trakehnen, wo kluge, schnelle und ausdauernde Pferde für die Kavallerie und den Transportweg zwischen Berlin und Königsberg gezüchtet wurden.

Heute zählen wir noch rund 60 traditionelle Zuchtstätten in Europa. Die überwiegende Zahl ist nach wie vor staatlich, einige sind in Stiftungen oder private Hände übergegangen.

Temperamentvolle Beschäler im französischen Nationalgestüt Le Pin.

Es muss unterschieden werden zwischen Hengstdepots wie den deutschen Landgestüten, die privaten Züchtern gute Hengste für ihre Stuten anbieten, und Nationalgestüten, die in Deutschland als Hauptgestüte bezeichnet werden. Hier wird mit eigenen Stutenherden aktiv Pferdezucht betrieben. Ihre ursächliche Aufgabe bestand darin, gute Beschäler für die Landespferdezucht zu produzieren. Der Flächenbedarf von National- oder Hauptgestüten ist weit größer als der von Hengstdepots, denn die Herden der Mutterstuten und der in der Regel bis zum Alter von drei Jahren in den Gestüten aufgezogenen Jungpferde erfordern weitläufige Weideflächen. Fast alle großen Gestüte produzieren ihr Futter selbst, sodass zu den Weiden noch Ackerland kommt, auf das wiederum der Dung der vielen Pferde ausgebracht werden kann. Das Baden-Württembergische Haupt- und Landgestüt Marbach zählt beispielsweise rund 550 Pferde, die auf drei Gestütshöfe und vier Vorwerke mit insgesamt knapp 1000 Hektar Land verteilt leben.

Viele der noch existierenden Staatsgestüte blicken auf einige Hundert Jahre Geschichte zurück. Die erste urkundliche Erwähnung eines Gestüts in Marbach geht auf das Jahr 1514 zurück, Kladrub an der Elbe wurde 1579 gegründet, Lipizza folgte 1580. Diese Institutionen sind nicht nur bedeutende Orte der Tierzucht, sie sind einzigartige Kulturerbestätten von internationalem Rang. Zu den Gestüten gehören durch viele Pferde- und Menschen-Generationen geprägte Kulturlandschaften mit historischen Gebäude-Ensembles. Ihre Architektur ist funktional und repräsentativ zugleich. Viele Gestüte verfügen über wertvolle Sammlungen an Kutschen-, Geschirren und anderen Objekten, die die Gestütsarbeit dokumentieren. Gestütsbibliotheken und über Jahrhunderte geführte Zuchtbücher belegen die Entwicklung der Institutionen und ihrer Pferderassen.

Das Wissen um die Bedürfnisse des Pferdes, seine Zucht und seine Ausbildung ist als immaterielles Erbe Teil der europäischen Gestütskultur. Die Gestüte pflegen die klassische Reit- und Fahrkunst. Selten gewordene Berufe wie Wagner, Sattler und Hufschmied werden nach wie vor ausgeübt und sogar ausgebildet. Hier wurde Pferdeverstand entwickelt, über viele Generationen weitergegeben und verfeinert, mit dem Ziel der Harmonie zwischen Mensch und Pferd. Heute sind die Staatsgestüte wichtige Bildungseinrichtungen für Profis und Amateure gleichermaßen. Viele betreiben Reit- und Fahrschulen, in denen erstklassige Trainingsbedingungen geboten werden.

Die Pferde selbst sind ein lebendiges Kulturerbe. Die heutigen Rassen wurden über viele Pferdegenerationen gezielt entwickelt, um die sich wandelnden Bedürfnisse des Menschen zu erfüllen. Viele Rassen verdanken ihren Erhalt den Staatsgestüten, die ihre Zucht fortsetzten, auch als sie weniger nachgefragt waren. Heute stecken die Staatsgestüte in einer Neuorientierungs- und Umstrukturierungsphase, in der sie ihre Schwerpunkte verlagern und neue Geschäftsfelder erschließen, die sie fit für die Zukunft machen sollen. Dienstleistung rund um das Pferd, Ausbildung und Forschung, Veranstaltungen und Fremdenverkehr gewinnen zunehmend an Bedeutung. Doch immer wieder sind selbst die renommiertesten Betriebe von Krisen betroffen. Was passiert, wenn ein großes, bedeutendes Gestüt von der Bildfläche verschwindet, kann man am Beispiel Trakehnens sehen. Für lange Zeit war es hinter dem Eisernen Vorhang verschwunden, heute ist es wieder zugänglich, aber wieder beleben lassen sich solche Orte nicht. Sie sind an ihren Ort und die Menschen und Pferde gebunden, die sie mit Leben füllen. Dafür, dass die verbliebenen europäischen Staatsgestüte nicht irgendwann nur noch auf alten Postkarten und in Büchern zu bewundern sind, setzt sich die European State Studs Association (ESSA) ein. Dem Netzwerk der Staatsgestüte gehören mehr als 30 der renommiertesten Pferdezuchtstätten Europas an, die sich gemeinsam für den Erhalt der europäischen Gestütskultur einsetzen. Auf den Konferenzen der Gestütsdirektoren werden aktuelle Probleme behandelt, Petitionen und Eingaben bei den verantwortlichen Ministerien unterstützen gefährdete Einrichtungen. Durch grenzübergreifende Projekte wird die historische, aktuelle und zukünftige Bedeutung der Gestüte einer breiten Öffentlichkeit vermittelt und ein Bewusstsein für ihr kulturelles Erbe geweckt.

Alexandra Lotz

Fohlenweide im Haupt- und Landgestüt Marbach.

Das ungarische Nationalgestüt Bábolna Nemzeti Ménesbirtok.

Prunkvolles Gespann mit Altkladruber Hengsten aus dem Nationalgestüt Kladruby nad Labem

Süddeutsche Kaltblüter im Bayerischen Haupt- und Landgestüt Schwaiganger.

Rheinisch-Deutsche Kaltblüter bei der Hengstparade im Nordrhein-Westfälischen Landgestüt Warendorf.

Noriker, die ihren Namen erhielten, als ihre Heimat noch „Noricum" hieß, vor dem Römischen Kampfwagen.

Auch eine Form der Anspannung: Englische Vollblüter beim Skijöring. Einst Art der Fortbewegung v. a. in Skandinavien, heute Spektakel u. a. in St. Moritz.

Hohe Schule der Fahrkunst:
Die Tandemanspannung.

Eine alpenländische Varian-
te der Ungarischen Post.

Inbegriff von winterlicher Romantik
in den Bergen: eine Schlittenfahrt.

Auf einen Augenblick

Es kann nur eine kleine, willkürliche Auswahl sein, die Veredler und Landrassen porträtiert – von letztgenannten sind nicht wenige in ihrem Bestand gefährdet. Ihr Schicksal ist des Öfteren untrennbar mit Institutionen verbunden wie den Gestüten, aber auch Privatmenschen, zumeist Enthusiasten, die sich ihrem Erhalt verschrieben haben.

RASSEPORTRÄT: ALTWÜRTTEMBERGER

Vielseitigkeit bedeutete früher in der Pferdewelt etwas anderes als das, was man bis vor kurzem noch Military nannte und heute aus Dressur, Springen und Geländestrecke besteht. Die Disziplinen des Altwürttembergers waren Landwirtschaft, Kutsche und Reiten - und nicht als Sport sondern für den Broterwerb.

Die alten Warmblüter Landschläge gingen unter der Woche vor dem Wagen oder leichterem landwirtschaftlichen Gerät wie der Egge und am Wochenende vor der Kutsche zur Kirche oder dem Verwandtenbesuch. Einer von ihnen - stellvertretend für all die anderen - ist der Altwürttemberger. Das mittelgroße kräftige Pferd war ursprünglich in ganz Württemberg verbreitet und existiert mittlerweile nur noch in ganz wenigen, einzelnen Individuen. Es entstand aus anderen Rassen wie Anglo-Normannen aus der Normandie, Holsteinern und Pferden aus Österreich und Ungarn. Nach dem Ersten Weltkrieg hatte sich ein eigenständiges Rassebild entwickelt und es wurde nur noch arabisches und Trakehner-Blut zugeführt. Im Laufe der nächsten Jahrzehnte nahm der Einfluss von Veredlern immer mehr zu - wie in allen Warmblutzuchten. Im dem Maß, wie ihre Bedeutung in der Landwirtschaft und dem Transportwesen sank, stieg der Blutanteil in den Zuchten, auch des Altwürttembergers. Jene wenigen noch existenten Vertreter des alten Schlages sind solche, die die Entwicklung hin zum modernen Sportpferd nicht durchliefen. Dafür bieten sie anderes: einen wenn auch sehr kleinen Pool an unverwechselbaren und nicht mehr zu reproduzierenden Eigenschaften, die vielleicht schon einiges an Vielseitigkeit durch die zahlenmäßige Beschränkung verloren haben, doch unbedingt erhalten werden müssen, damit sie nicht völlig verschwinden. Es ist zwar nicht ernsthaft davon auszugehen, dass wir irgendwann einmal wieder bei unseren Reisen auf die Zugleistung von Pferden angewiesen sind, die gestern noch den Acker bestellt haben, doch wer will es ganz ausschließen? Zudem: Schon jetzt leiden viele unserer modernen Sportpferde an diversen „Zivilisationskrankheiten" unter anderem von Bewegungsapparat und Stoffwechsel. Womöglich sind wir bald darauf angewiesen, die noch in den alten Schlägen verankerten Eigenschaften wie feste Hufe, gutes Fundament und starker Knochenbau, die ein Pferd wie der Altwürttemberger bietet, wieder einzukreuzen.

Originale bewahren

Wie erhaltenswert und wichtig auch die alten Rassen sind, spricht sich langsam herum. Zumindest hat vor ihnen die große Gleichmacherei in der Pferdezucht inzwischen Halt gemacht. Gerade einmal fünf Prozent der Reiter starten auf Turnieren. Die meisten anderen haben andere Ansprüche, als sie im Dressurviereck oder Parcours gestellt werden. Das heißt nicht, dass gerade der Rottaler diese nicht auch erfüllen könnte, doch er ist eben auch ein perfekter Begleiter für den Freizeitreiter im Gelände.

RASSEPORTRÄT: ROTTALER

Von ihnen gibt es noch rund 40 Stuten in Bayern. Oder besser gesagt: Es gibt sie wieder, denn eigentlich war 1964 Schluss. Da wurde das letzte alte Rottaler Brandzeichen vergeben, die letzte echte Rottaler Stute ging 1990 ein. Dabei handelte es sich um die älteste in Deutschland bekannte Warmblutrasse neben dem Ostfriesen, dem ein ähnliches Schicksal gerade droht.

Schluss mit einer Rasse, die Bayern mindestens so geprägt hatte wie das Kaltblut! Es waren Rottaler Pferde, die in München die Trambahn gezogen haben. Es waren Rottaler Pferde bei der Münchner Feuerwehr. Und es waren stets Rottaler, wenn man zur Kirche fuhr oder Hochzeiten chauffierte. Es waren Rottaler, die sozusagen für frühe Taxidienste eingesetzt wurden. Wenn's mal pressiert hat zum Bahnhof oder zur Behörde in der nächsten Stadt, dann gab es in fast jedem Dorf einen, der solche „Expressfahrten" mit Rottalern durchgeführt hat. Und dann waren es auch Rottaler bei einem legendären Datum im Pferdesport. Der erste Zehnspänner fuhr 1954 beim Karpfhammer Volksfest. Mit Rottalern! Und wieso kann so ein Pferd quasi aussterben? Gründe dafür gibt es viele und es sind die klas-

sischen Gründe ländlicher Regionen: Erst wurden – auch noch im Zweiten Weltkrieg – Pferde beschlagnahmt, dann kam die Mechanisierung, die Pferde als Arbeitstiere verbannt hatte. Wunderbare Pferde wurden einfach geschlachtet.

Und die Warmblutzucht heute? „10000 Züchter züchten für Ludger Beerbaum, aber der kann höchstens 10 Pferde brauchen!", so Dr. Lilo Schlumpp. Ihr und ihrem Exmann Dr. Arno Scherling ist es zu verdanken, dass es den Rottaler wieder gibt. Es war (und ist) immer der Mensch mit all seinen züchterischen Hirngespinsten, der leichter etwas zerstört, als es zu erhalten. Die Unsitte, immer und überall Vollblüter einzukreuzen, die Vorgabe des Zuchtverbandes, Pferde von Typ Hannoveraner zu schaffen, haben dem Rottaler ebenfalls den Garaus gemacht. Pferde von 1,60 m mit gutem Fundament, eher kräftige Warmblüter waren „out". Und bis heute gibt es die ewig Gestrigen in den übergeordneten Zuchtverbänden, die immer noch fragen: „Was wollt ihr mit euren Rottweilern?"

Nicola Förg

SPECIAL: PFERDE AUF DER ROTEN LISTE

Die Anzahl an Pferderassen in Deutschland ist erstaunlich. In der Datenbank über in Deutschland gehaltene tiergenetische Ressourcen der Bundesanstalt für Landwirtschaft und Ernährung (BLE) sind aktuell 204 Pferderassen aufgeführt. Dabei wird unterschieden, ob es sich um einheimische oder um aus anderen Ländern eingeführte handelt, und ob die jeweiligen Rassen als gefährdet eingestuft werden. Von diesen 204 Pferderassen werden 23 als einheimisch bezeichnet. Einige Gruppen zusammengefasst, wie z. B. das Deutsche Reitpony oder die Gruppe der Schweren Warmblüter. In der Roten Liste der Gesellschaft zur Erhaltung alter und gefährdeter Haustierrassen e.V. (GEH) sind derzeit neun heimische Pferderassen aufgeführt. Hierbei handelt es sich maßgeblich um solche, die früher als Arbeitspferde oder im Militär ihren Einsatz fanden. Das Aufkommen von Traktoren und schweren Zugmaschinen hat für das Nutztier Pferd ganz neue Aufgaben gebracht. Nahezu 98 Prozent der Pferde sind heute in der Freizeitreiterei anzutreffen, ein Prozent in der Waldarbeit und ein weiteres im Bereich der traditionellen Nutzung, wie Brauereipferde oder Kutschpferde. Gerade die Kaltblutpferderassen haben es schwer, sich hier behaupten zu können, und vergleicht man die Formen und Typen heutiger Kaltblutpferde mit denen von vor etwa 50 oder 60 Jahren, fällt auf, dass die Tiere sportlicher, gängiger und leichter geworden sind, um auch bei den Freizeithaltern Gefallen zu finden. Im Bereich der Pferdezucht war es immer schon üblich, andere Rassen als Kreuzungspartner zuzulassen, und damit wurde der Prozess des Typwandels noch verstärkt.

Das Verschwinden von Rassen verläuft meist schleichend und häufig ganz unbemerkt. Die sogenannten Roten Listen sollen hier alarmieren und aufrütteln und vielleicht Tierhalter motivieren, sich eben gezielt auch für die Vielfalt der heimischen Rassen zu interessieren und aktiv in die Erhaltungsarbeit einzusteigen.

Gezielte Erhaltungsmaßnahmen beim Pferd fordern die Züchter in besonderer Weise. Dies liegt zum einen an den langen Generationsintervallen bei den Pferden, der geringen Zahl an Nachkommen und der Tatsache, dass die Nachfrage nach heimischen Pferden durch billige Importe aus dem osteuropäischen Raum gesunken ist. Und anders als bei Rind, Schwein, Schaf oder Ziege sind nicht zu verkaufende Pferde ja nicht gleichzeitig ein Produkt für andere Vermarktungswege. So werden häufig Stuten über mehrere Jahre hinweg nicht angepaart. Auch der Einsatz als Landschaftspfleger steckt im Bereich der Pferde noch stark in den Anfängen. Es gibt diesbezüglich jedoch gerade mit alten Rassen sehr erfolgreiche Projekte wie zum Beispiel mit Senner Pferden, den Dülmenern oder Schleswiger Kaltblut, in denen ihre Robustheit und Genügsamkeit zum Tragen kommt.

Erhaltungsmaßnahmen sollten möglichst dahin gehen, die alten Pferderassen wieder populär zu machen und sie vor allen Dingen den zahlreichen Freizeitreitern zu empfehlen. Als positiv sollten das ruhige Temperament, die Aufmerksamkeit, Gelehrigkeit, Genügsamkeit und vor allen Dingen die Gelassenheit in besonderen Situationen dargestellt werden. Reiten und Fahren lassen sich die alten Pferderassen auch dank der historischen Vorgeschichte allemal, und viele Freizeitreiter sind weniger auf besondere Spring- oder Dressurleistungen aus, als vielmehr darauf, in dem Pferd einen treuen und zuverlässigen Freund und Kameraden zu haben.

Auch sollte es ein gesellschaftliches Anliegen sein, die alten Pferderassen als wertvollen Genpool und als Kulturgut zu bewahren.

Antje Feldmann, Geschäftsführerin der GEH

Das Lehmkuhlener Pony ist ebenso stark in
seinem Bestand gefährdet ...

.. wie auch der Leutstettener. Dieser Hengst
ist auf dem Bild 31 Jahre alt, konnte da
noch geritten werden und erfreute sich Zeit
seines Lebens guter Gesundheit.

RASSEPORTRÄT: DAS SENNER PFERD

Die edlen Pferde aus Ostwestfalen gelten als älteste Pferderasse Deutschlands mit ihrer 850 Jahre währenden Geschichte. Dabei stand es öfter mehr als Spitz auf Knopf, ob noch einige Zeit dazu kommen würde. Einst als fürstliche Pferde berühmt, sind die Senner heute vom Aussterben bedroht.

Wer heute den Begriff "Westfalens wilde Pferde" hört, denkt wahrscheinlich zuerst an die Dülmener Wildpferde. Doch die westfälischen Brüche und Wälder mit einer Reihe Wildbahngestüten waren einst auch Heimat anderer, heute weniger bekannter Rassen wie Emscherbrücher, Davertnickel oder eben Senner. Und wer sich darunter urige Wildlinge vorstellt, irrt. Senner sind mittelgroße, elegante Pferde mit viel Leistungsbereitschaft. Einer Legende nach handelt es sich ursprünglich um entlaufene Pferde aus der Varus-Schlacht, die vor 2000 Jahren zwischen römischen Legionären und Germanen tobte. Doch das ist nicht belegt. Sicher ist dagegen, dass die Pferde einst frei in der Senne lebten, einer recht kargen Landschaft im Osten Nordrhein-Westfalens mit Heide, Moorflächen und Wäldern. Die Pferde durchstreiften einst den lippischen Teil der Senne und den Teutoburger Wald auf der Suche nach Nahrung. Aufgrund des knappen Futterangebots und der wenigen Wasserstellen mussten die Pferde weite Strecken zurückzulegen. Die Folge: eine natürliche Selektion auf Härte, Widerstandsfähigkeit und Ausdauer. So wurde die Landschaft durch die Pferdeherden geprägt – und die Landschaft prägte diese Pferde.

Urkundlich erwähnt wurde die halbwilde Haltung der Senner erstmals 1160, also vor 850 Jahren. 2010 umfasste der gesamte Bestand nur noch 43 Tiere. Im Freilichtmuseum Detmold, wo bisher acht Senner geboren wurden, ist es beliebte Tradition, dass alle Fohlen „Patenkinder" von Stephan Prinz zur Lippe werden,

denn über Jahrhunderte war die Sennerzucht eng mit der regierenden Fürstenfamilie zur Lippe verbunden. Diese suchte sich aus den ursprünglich wildlebenden Tieren geeignete Reit- und Wagenpferde für ihren Marstall und nahm Einfluss auch auf die Zucht. Die Pferde dienten in erster Linie der Versorgung des fürstlich-lippischen Marstalls mit Reit- und Wagenpferden. Als Vatertiere wurden ab Ende des 17. Jahrhunderts arabische Vollblüter eingekreuzt, Ende des 18. Jahrhunderts englische Vollblüter und Anglo Araber, die bis heute den Typ der Senner mitbestimmen.

Halb so wild

Sogenannte halbwilde Gestüte existierten bis Anfang des 19. Jahrhunderts in Westfalen. Stuten und Fohlen lebten dort das ganze Jahr über frei in dem weitläufigen Areal. Der Mensch griff nur ein, um geeignete Pferde für den Marstall heraus zu fangen oder um Einfluss auf die Zucht

zu nehmen. Ausgesuchte Hengste wurden den Stuten zu bestimmten Zeiten zugeführt.

Es waren die Kriege, politischen Umbrüche und wirtschaftlichen Krise, die auch die Existenz der Senner immer wieder ernsthaft gefährdeten, diese sicher ausgerottet hätten, wenn sich nicht immer wieder engagierte Pferdefreunde für den Erhalt der sympathischen und leistungsfähigen Pferde eingesetzt hätten.

Sabine Heüveldop

Die jungen Hengste in Piber, dem österreichischen Bundesgestüt. Unter ihnen wächst der Nachwuchs für die Hofreitschule in Wien heran.

RASSEPORTRÄT: LIPIZZANER

Neben dem Haflinger sind die Lipizzaner die Paradepferde der altösterreichischen Pferdezucht. Sie stammen aus Lipica im ehemaligen Jugoslawien, heute Slowenien, zur Zeit ihrer Entstehung Teil der Donaumonarchie. Zudem befindet sich die Spanische Hofreitschule nach wie vor in Wien, deren vierbeinige Protagonisten ausschließlich Lipizzaner-Hengste sind. Warum heißt die Hofreitschule dann aber „Spanische"? Weil ursprünglich die für die klassische Reitkunst prädestinierten iberischen Pferde dort eingesetzt wurden. Erst nach Gründung der Hofreitschule (1572) wurde acht Jahre später das Gestüt in Lipica gegründet, wo u. a. die spanischen Pferde Basis der neuen Rasse Lipizzaner wurden. Heute werden die Lipizzaner für die Hofreitschule in Piber (Steiermark) gezüchtet, Ausflugsziel von Pferdefreunden aus der ganzen Welt.

Die Hofreitschule gilt bis heute als heiliger Gral und Bewahrerin der klassischen Reitkunst, auch wenn sie in den letzten Jahren in die Kritik geraten ist. Aber es ist davon auszugehen, dass sie auch diesen „Sturm" überstehen wird. Da gab es schon ganz andere Krisen, die fast zum Ende der Zucht geführt hätten, seien es Kriege und damit verbundene Fluchten, Krankheiten und andere Katastrophen. Doch immer gingen die Lipizzaner gestärkt aus diesen hervor, dank der vielen Freunde und vehementen Verfechter der Pferde und der reinen Lehre der Reitkunst, für die kaum ein anderes Pferd geeigneter sein dürfte. Die Spanische Hofreitschule und die Lipizzaner sind für die Reitkunst wie der „Urmeter" in Paris für das metrische System. Wer daran rührt, rührt am Elementarsten.

Perfekte, lockere Anlehnung des Pferdes,
perfekter Sitz in der Balance des Reiters.

SPECIAL: DRESSUR ALS KUNST

Es könnte irgendwann im 16. bis 19. Jahrhundert sein. Ein Soldat reitet mit seinen Kameraden durch die Lande. Sie sind als Vorhut unterwegs und geraten in einen Hinterhalt, ein feindlicher Stoßtrupp greift sie an. Die Überlebenschancen hingen nicht unwesentlich davon ab, ob unser Soldat über ein gut trainiertes und ausgebildetes Pferd verfügte, also gut beritten war. Litt das Pferd noch an Muskelkater vom Ritt am Tag zuvor oder widersetzte sich den Hilfen des Reiters, konnten dies unter Umständen beide mit dem Leben bezahlen. Auch in der Schlacht war ein gutes Pferd unerlässlich. Dabei war ein gutes, vor allem ein gut ausgebildetes Pferd, rittig, durchlässig, allzeit bereit, die Hilfen des Reiters schnell und geschickt umzusetzen. Es tänzelte seitwärts auf einen Feind zu, damit man diesem einen Hieb mit dem Säbel verpassen konnte, oder wich auf leisesten Druck mit dem Schenkel zur Seite, um nicht getroffen zu werden. Daraus entwickelten sich Lektionen, die für den Ernstfall geübt werden konnten: Seitwärtsgänge wie Traversalen, Travers und Renvers, die Galopppirouette, um sich einem Angreifer von hinten zu stellen. Sie sind Bestandteil der „Hohen Schule", hier der „Schule auf der Erde". Darüber hinaus gibt es noch die „Schule über der Erde". In der Spanischen Hofreitschule werden die begabtesten Hengste jahrelang dafür ausgebildet. Sie beinhaltet die spektakulären Sprünge wie Courbette (um auf einen Gegner auf den Hinterbeinen stehend zuzuspringen, gleichzeitig den Körper des Reiters schützend), die Kapriole (das Pferd springt in die Luft und schlägt am höchsten Punkt nach hinten aus, um Angriffe abzuwehren) – all dies natürlich auf Geheiß des Reiters. Auch die Levade zählt dazu, das Steigen bei Beugung der Hanken und Verharren. Sie zeugen von großer Körperbeherrschung, Fitness und Kraft der Pferde. Die Dressur hat ihren Ursprung im Militär und war ein wichtiger Bestandteil des Erfolgs der Truppen. Heute wie damals dient sie aber auch der Unterhaltung und legt Zeugnis ab von dem hohen Grad der Ausbildung und Reitkunst. Einrichtungen wie die Spanische Hofreitschule, aber auch das französische Gegenstück, die Cadre Noir in Saumur, bewahren zudem die Klassische Dressur vor kurzlebigen Einflüssen und Fehlentwicklungen. Wenn sie diese Aufgabe erfüllen, haben sie auch heute noch ihre Daseinsberechtigung – vielleicht mehr denn je!

RASSEPORTRÄT: KNABSTRUPPER

Auch in der Pferdewelt gibt es die Legenden à la "vom Tellerwäscher zum Millionär". Ein spanischer Offizier verkaufte eine Stute unbekannter, aber, wie sich herausstellte, wohl edler Herkunft in Dänemark. Eigentlich sollte sie geschlachtet werden, doch ein Züchter von Frederiksborger Pferden erkannte ihre Qualität und erwarb sie kurz vor dem drohenden, unrühmlichen Ende. Was wäre uns entgangen! Die Stute war äußerst ungewöhnlich gefärbt, ein „stichelhaariger Zobelfuchs mit weißem Langhaar und zahlreichen weißen Flecken auf der Lende" (Atlas der Nutztierrassen, H.H. Sambraus). Sie vererbte ihre ungewöhnliche Zeichnung und machte die Pferdewelt erheblich bunter. Ihre Nachkommen waren überwiegend stark getigerte Pferde, die nach einigen Generationen schließlich zu einer eigenen Rasse zusammengefasst wurden. Die Namensgebung ist hier allerdings sehr unpräzise, denn ihr Fell ist nicht etwa wie bei einem Tiger gestreift,

sondern gepunktet. Der berühmteste Tigerschimmel dürfte wohl bis heute der „Kleine Onkel" von Pippi Langstrumpf sein, auch wenn bei ihm die Punkte nur aufgemalt waren und es sich eigentlich um ein Schwedisches Warmblut handelte.

Die „Tiger" vererbten sich weiterhin so gut, dass sie bei vielen anderen Rassen neben den Frederiksborgern zum Einsatz kamen, unter anderem dem Noriker.

Der Knabstrupper ist ein schweres Warmblut, kein Kaltblüter. War er über Jahrzehnte vor allem bei zirzensischen Darbietungen zu finden, ist er heute wieder bei seiner Ursprungsdisziplin angekommen, der barocken Dressur und dem Glänzen als repräsentatives Paradepferd unter dem Reiter und vor der Kutsche.

Ein Ardenner in der typischen Farbe der Belgischen Kaltblüter.

RASSEPORTRÄT: BELGISCHES KALTBLUT

Weltweit sind die Belgier führend, keine andere Kaltblutrasse ist so weit verbreitet. Zudem wurden einige ihrer Vertreter bei anderen Rassen eingesetzt, vor allem dann, wenn es darum ging, den einheimischen Schlägen ein paar PS mehr zu verpassen. Der Belgier verfügt über eine enorme Zugkraft, kann er doch eine Menge Masse ins Geschirr werfen und hat zudem einen niedrigen Schwerpunkt wegen seiner, in Relation zu Größe und Gewicht, kurzen Beine. Dennoch ist er, dank einer langen Schulter, auch im Trab gut unterwegs. Bei all dem hat er auch noch den für die meisten Kaltblüter typischen freundlichen Charakter und gute Leistungsbereitschaft. Kein Wunder, dass er zum Exportschlager avancierte. Bereits Cäsar rühmte die Qualität der Kaltblüter westlich des Rheins. Gute Bauernpferde waren wichtige Säulen fast jeder Volkswirtschaft, und zu Zeiten von Rittern war der Belgier auch im Kriegseinsatz. Seite Eignung als Reitpferd hat er sich bis heute erhalten. Dies mag überraschen, doch nicht wenige Belgier gehen auch unter dem Sattel. Wer sie genauer betrachtet, mag sich kaum noch wundern: Die bereits angesprochene schräge und lange Schulter erlaubt ein weites Vorgreifen, die relative Länge des Rückens lässt den Reiter gut sitzen und die gut bemuskelte Hinterhand gibt den nötigen Schub, um auch in der Dressur einiges erreichen zu können. Das ausgezeichnete Nervenkostüm macht ihn zum idealen Sitzplatz für eher vorsichtige Freizeitreiter und das Exterieur insgesamt zum Gewichtsträger für den beleibten Reiter, der sich einem Warmblüter nicht zumuten sollte. Im 19. Jahrhundert wurden die belgischen Kaltblüter zu einer Rasse zusammengeführt, die sich aber heute noch in zwei Schläge unterscheidet, den großen Belgier oder auch Brabanter und den kleineren, leichteren Ardenner. Der Größere der beiden kann gut und gerne über eine Tonne auf die Waage bringen, der „Kleinere" bis etwa 800 Kilogramm.

Special: Licht ins Dickicht

Nein, das Blut von Kaltblütern hat keine abweichende Temperatur von dem anderer Pferde. Die Bezeichnungen Kalt-, Warm- und Vollblut sind eine Metapher für das Temperament der jeweiligen Tiere. Jedoch: Ihr Blut ist nicht gleich. Das von Vollblütern weist eine höhere Zahl roter Blutkörperchen auf. So kann es mehr Sauerstoff transportieren, einer der Gründe, warum Vollblüter ausdauernder und schneller sind - abgesehen von den wesentlich offensichtlicheren Faktoren wie schlichte Masse und Proportionen. Eine Kugelstoßerin sieht ja auch nicht aus wie eine 100-Meter-Sprinterin.

Und: Per Definition sind Vollblüter solche, die nach Entstehung keine weiteren Fremdeinflüsse mehr erfuhren. Die englische Bezeichnung Thoroughbred macht es deutlicher: Übersetzt bedeutet es so viel wie „durchgezüchtet", was per Definition erst ab 30 Generationen gilt. Vollblüter sind nicht nur englische, französische oder deutsche Galopprennpferde sondern auch reine Araber und Kreuzungen aus diesen. Bereits ein Pferd mit einem Vollblutanteil von unter 95 Prozent gilt als Halbblüter. Bekannte Halbblutrassen sind das Ungarische Halbblut, Shagya-Araber oder auch der Achal-Tekkiner. Bei unter 50 Prozent Vollblutanteil spricht man von Warmblut. Zu ihnen zählen, neben den noch erhaltenen Landrassen wie dem Altwürttemberger auch die im modernen Sporttypus wie Holsteiner, Hannoveraner, Westfalen und all die anderen. Doch bei ihnen verwischen zunehmend die Grenzen, und es wird inzwischen eher von Schlägen statt Rassen gesprochen, denn erstens: Wenn ein Warmblutfohlen geboren wird, erhält es den Brand des Zuchtgebietes, in dem es das Licht der Welt erblickte. Da spielt es keine Rolle, woher die Elterntiere stammen, solange beide anerkannte Zuchttiere sind. Und zweitens: Ein Holsteiner Hengst kann für die Hannoveraner Zucht zugelassen werden, ein Westfale auch, aber auch für das Bayerische Warmblut - dies gilt auch umgekehrt und für alle Warmblutschläge in Deutschland - fast!

Die einzige, große Ausnahme sind die Trakehner: Weil seit dem Zweiten Weltkrieg das Gestüt im heutigen Polen liegt, waren die Tiere - ein Teil der Herde konnte unter unglaublichen Strapazen hinübergerettet werden - heimatlos, die Rasse sollte aber fortbestehen. Vor allem Privatleute nahmen sich der Zucht an, zudem wurden Trakehner Hengste in diversen Landgestüten bundesweit zur Verfügung gestellt. Sie haben viele Warmblutzuchten veredelt, jedoch wurden nie Warmblüter umgekehrt für die Trakehner Stuten zugelassen, sondern ausschließlich Voll- und Halbblüter wie Englisches Vollblut, Araber, Shagya- und Anglo-Araber.

Irische Spezialität

Es gibt auch Kreuzungen aus Voll- und Kaltblütern. Die Iren züchteten sie gern und machten Jagdpferde daraus, die irischen Hunter. Oft wurden für die ersten Anpaarungen Clydesdale und Englisches Vollblut verwendet. Bei ihnen gab es nämlich einst keine bodenständigen Warmblüter. So machten sie aus der Not eine Tugend und brachten auf dieser Basis ganz hervorragende Geländespringpferde hervor. Eine der vielen Pferdezuchttraditionen, die fast völlig verschwunden ist in dem von der Weltwirtschaftskrise besonders gebeutelten Land.

Moderne Warmblüter sehr ähnlichen Typs, links ein Hannoveraner, rechts ein Österreichisches Warmblut.

Den beiden muss man nicht aufs Brandzeichen gucken, um sie als Clydesdales zu identifizieren.

RASSEPORTRÄT: DER NORIKER

Es ist noch nicht lange her, da war die Rasse vom Aussterben bedroht. Durch eine Neuausrichtung der Zucht, Subventionen, vor allem aber das Engagement der Züchter konnte diese Gefahr abgewendet werden. In Österreich ist es die ARCHE Austria, die sich um den Erhalt bedrohter Haustierrassen erfolgreich bemüht.

Der Ursprung des Norikers ist umstritten, vor allem der Zeitpunkt. Glaubte man früher, der Noriker gehe auf die Zeit zurück, als Österreich zum Römischen Reich gehörte, scheint dies heute überholt. Vermutlich ist der Noriker älter und bekam nur zu jener Zeit seinen Namen. Wo heute Salzburg ist, da waren die zotteligen Waldpferde zu Hause, aus denen der Noriker hervorgegangen ist, und die Region hieß noch nicht Kärnten, sondern Noricum.

Die Kaltblüter arbeiteten in der Holz- und Landwirtschaft. Und dort werden sie noch immer eingesetzt, den Pflug zieht der Noriker hauptsächlich noch zur Wahrung des Brauch-

tums, im Wald aber ist er auch noch gewerblich unterwegs. Dort, wo schwere Maschinen nicht mehr hingelangen oder zu große Schäden anrichten, der Waldboden schonender Behandlung bedarf, ziehen die Kraftprotze die Stämme zu den nächsten Forststraßen, damit sie dort verladen werden.

Immer wieder wurden vor allem Barockpferde wie Knabstrupper eingekreuzt. So entstand die Farbvielfalt der Noriker, beispielsweise der Tiger, was ihn auch als Paradepferd beliebt machte.

Einmalig in der Welt dürfte der Almauftrieb der Noriker-Deckhengste sein. Im Rauris werden die Hengste für drei Monate gemeinsam in die Freiheit entlassen, um den Sommer auf der Alm zu verbringen. Dem voraus geht die Zusammenführung der Tiere, die von teils heftigen Kämpfen geprägt ist, bis die Rangfolge steht. In den letzten Jahren gerät die Veranstaltung zunehmend zum Volksfest, was nicht nur von

Tierschützern immer häufiger kritisiert wird. Ist das Risiko schwerer Verletzungen die drei Monate Freiheit wert? Das ist die eine Frage, die andere, ob das, was einst zum Wohle der Pferde geschah, nicht zunehmend zur Touristenattraktion und zum Gaudium der Zuschauer gerät.

Ähnlich wie der Haflinger ist auch der Noriker moderner geworden und findet inzwischen bei Freizeitreitern Freunde, doch gehen auch viele der Fohlen direkt nach dem Absetzen zum Metzger. Bitter dabei und ein Unding: Nicht selten erst nach einem Transport in den Süden Europas. Dieses Schicksal teilen sie mit dem Nachwuchs anderer Kaltblutrassen, beispielsweise aus Deutschland. Und auch Haflingerfohlen sind davor nicht gefeit.

Ende 2009 gelang dem Norikerzuchtverband ein Coup der besonderen Art. Über 400 Noriker wurden nach Indien verkauft, um dort eine Zucht von Tragtieren zu begründen. In den unwegsamen Bergen im Nordosten des Landes sollen Noriker in Reinzucht und Kreuzungen mit Eseln eingesetzt werden. Die Ausschreibung lief weltweit, doch der kräftige Österreicher machte das Rennen, aber nicht wegen seiner Stärke allein. Sie waren die einzigen der Kandidaten, die nicht lange zögerten, die in der Region zahlreich vorhandenen Hängebrücken zu passieren. Ein eindrucksvoller Beweis ihrer Nervenstärke.

RASSEPORTRÄT: DER SCHLESWIGER

Viele Kaltblutrassen waren auf Zugleistung gezüchtet, für den Pflug oder das Transportieren von Lasten in den Bergen. Der Schleswiger
war natürlich nie ein Bergpferd, er entstand
auf dem platten Land, wo aber weite Strecken
überwunden werden mussten. Für einen Kaltblüter haben sie einen guten Schritt, also eine
beachtliche Schrittlänge, wie auch einen raum-
greifenden Trab, d. h. man kommt mit ihnen
flott voran. Außerdem ist er leistungsbereit
und -fähig, willig, von Hause aus vielseitig ver-
wendbar, menschenbezogen und „nicht büffelig", wie ein Züchter es mal ausdrückte.

Ihre Entstehung geht zurück auf die dänischen
Jütländer. Mitte des 19. Jahrhunderts wurde ein
Hengst für die Zucht eingeführt, um die Rasse den Ansprüchen an die Arbeit auf schweren
Marschböden und für Langstreckentransporte
zu modifizieren. Sein Name war „Oppenheim",
das weiß man noch, allerdings nicht mehr, ob
er ein Suffolk oder ein Shire war. Weitere Einkreuzungen mit französischen Pferden folg-

ten. Nach dem Zweiten Weltkrieg gab es rund
20 000 Schleswiger und rund 15 000 Züchter.
Doch wie bei allen anderen Kaltblutrassen
brach auch diese Population Mitte des 20. Jahrhunderts völlig zusammen.

Ihre Zeiten als Zugtiere waren längst vorbei,
u. a. darum gerieten sie ja an den Rand des völ-
ligen Vergessens und Verschwindens. Niemand
schien sie mehr zu brauchen, wenige sehr engagierte Züchter und Halter hingen aber wenigstens noch an ihnen. In den 1980ern gab es
gerade noch einmal 30 bis 40 Stuten.
Da kam es für die Schleswiger gerade noch zur
rechten Zeit, dass Kaltblüter allgemein fast so
etwas wie eine Renaissance erlebten. Das Holzrücken wurde langsam wieder „in", und mancher mehr entdeckte auch wieder sein Herz
für die „Dicken". Heute sind es wieder ein paar
Hundert Stuten, rund 30 Hengste und eine
Handvoll Züchter, die die Qualitäten der Rasse erhalten, sie gilt jedoch weiterhin als stark
gefährdet.

Special: Haarige Angelegenheit

Ein so kleiner Genpool wie in den 1980er Jahren - und das gilt für alle Rassen und Schläge , nicht nur den Schleswiger - birgt immer Gefahren. Aspekte wie Leistung und Robustheit treten erst einmal notgedrungen in den Hintergrund. Bei vielen Kaltblutrassen hat sich daraus ein generelles Gesundheitsproblem ergeben, das der Mauke. Für diese sind fast alle Kaltblutrassen - daneben aber auch einige Warmblüter wie Tinker und Friesen - besonders empfänglich. Dies hängt mit dem „Kötenbehang" zusammen, der ausgiebigen Behaarung am unteren Ende der Beine. In der Fesselbeuge kommt es immer mal wieder zu kleinen Verletzungen, da reicht manchmal schon ein pieksender Strohhalm. Durch den üppigen Behang hält sich die Feuchtigkeit, es kommt zu Entzün-

dungen und nässenden Wunden, und auch an sich harmlose Hautkeime haben leichtes Spiel und erschweren das Krankheitsbild zusätzlich. Zwar kann Mauke auch andere Ursachen haben und Pferde mit wenig Behang befallen, der Verlauf ist jedoch meist weit harmloser. Generell ist die Mauke äußerst schwer zu behandeln, da sie immer wieder mit Schmutz und Feuchtigkeit in Berührung kommt, das lässt sich praktisch nicht verhindern. Fortgeschrittene Stadien sind kaum noch in den Griff zu bekommen. Rund die Hälfte der Kaltblüter mit üppigem Kötenbehang ist davon betroffen, beim Schleswiger liegt der Anteil noch etwas höher.

Ein Beispiel dafür, wie wichtig es ist, die Rassen nicht auf ein Minimalniveau schrumpfen zu lassen.

*Ungarische Post mit fünf Kalt-
blütern. Typisch Süddeutsch sind
die Füchse mit der hellen Mähne,
doch auch Braune kommen vor.*

RASSEPORTRÄT: SÜDDEUTSCHES KALTBLUT

Seine Vorfahren sind die Noriker, doch das vor allem in Bayern und Baden-Württemberg verbreitete mittelgroße Pferd hat längst einen ganz eigenen Charakter – auch äußerlich.

Zu 80 Prozent sind sie Füchse, oft Lichtfüchse, also mit weißem Behang, selten Braune und noch viel seltener Rappen. Im Laufe der Jahrhunderte wurden immer wieder Warmbluthengste eingekreuzt sowie Kaltblüter anderer Rassen – je nachdem, wie die Ansprüche der Zeit jeweils waren. Anfang des 20. Jahrhunderts kamen aber für die schwere landwirtschaftliche Arbeit wieder österreichische Tiere zum Zuchteinsatz, auch, um die Rasse zu vereinheitlichen.

Insider unterscheiden bis heute die zwei Schläge, den größeren Pinzgauer und den kleineren Oberländer. Und hier könnte das Parkett für den Kaltblutlaien ein wenig glatt werden. Wer nämlich mit hippologischer Halbbildung glänzen möchte und einem „Rosserer" sagt, er habe aber kräftige Haflinger im Gespann, der hat sowas von verloren. Ohne dem Haflinger etwas abzusprechen – er ist ein Kleinpferd, auch wenn manche recht groß sind, und der Oberländer ist ein Großpferd, auch wenn manche recht klein sind. Es ist ein bisschen so, als würde man einen Harley-Fahrer fragen, ob er denn mit seinem Roller zufrieden sei – zumindest lässt die Reaktion des Befragten diesen Schluss zu.

Das Süddeutsche Kaltblut ist vielseitig einsetzbar, und gerade auch die Oberländer sind gut als Reitpferde für den Freizeitreiter geeignet. Grundsätzlich haben die Pferde einen gutmütigen Charakter, sind dabei aber nicht ohne Temperament. Aufgabengebiete finden sie beim Holzrücken, als Zug- und Lasttiere auch in schwierigem Gelände und gleichermaßen vor Kutschen und Schlitten vor allem dort, wo Touristen dieses Vergnügen goutieren.

Prachtvoller Hengst, auf dem Zentralen Landwirt-
schaftsfest in München gerade zum Sieger gekürt.

RASSEPORTRÄT: SCHWARZWÄLDER KALTBLUT

Flachsblonde Mähne und ein tiefes Kastanienbraun sind die hervorstechendsten Merkmale des Schwarzwälder Kaltbluts – Träger des Flaxen-Gens wie der Haflinger, das Mähne und Schweif erleuchten lässt, zumindest wenn sie frisch gewaschen sind, und die Tiere im Sonnenlicht stehen.

Aber das ist natürlich noch lange nicht alles, was der edle Schwarzwälder zu bieten hat. Der mittelgroße Kaltblüter mit dem harmonischen Körperbau und dem kräftigen, gut angesetzten Hals ist neben seinem Einsatz als Arbeitspferd auch ein beliebter Partner in der Freizeit. Dies

verdankt er, neben seiner hübschen Erscheinung, auch den guten Grundgangarten und seiner Gutmütigkeit. Zudem hat er gute Hufe und nur wenig Kötenbehang, die Behaarung an den unteren Extremitäten, was den Pflegeaufwand erheblich verringert.

Das Schwarzwälder Kaltblut gab es früher in allen gängigen Farben, Ausgang des 19. Jahrhunderts setzten sich dank eines gut vererbenden Hengstes die Füchse immer mehr durch, doch bei Gründung des Zuchtverbandes 1896 hieß die Rasse noch Schwarzwälder Pferd.

Rasseporträt: Percheron

Während der Belgier der typische Kaltblüter ist, ein gelassener Schwergewichtler für viele Anwendungen geeignet, ist das Percheron das Kraftpaket für den versierten Einsatz. Die französischen Arbeitspferde erfuhren bereits im 8. Jahrhundert die Einkreuzung beispielsweise von Arabern, später halfen noch Normannen und Spanier bei der Veredelung. Daraus geht schon hervor, dass es sich bei der Rasse aus der früheren Provinz Perche, heute die Departments Orne und Eure et Loire, um eine sehr alte handelt. In den Anfängen einer planvollen Zucht zu Beginn des 19. Jahrhunderts avancierte „Jean de Blanc" zum Stammhengst, Sohn eines persischen Vaters.

So paarten sich Kraft des Kaltblüters mit dem Temperament orientalischer Leichtgewichte – eine Kombination, die bis heute nichts an Reiz verloren hat, wenn man sie denn handeln kann. Zumal von den diversen Schlägen des Percherons nur der schwerste erhalten blieb. Seine Freunde schätzen die Rasse gerade für ihr Temperament, ihre Eleganz, Energie und Ausdauer. Doch wer mit Percherons arbeiten will, sollte die passenden Einsatzgebiete für ihn bieten können, ihre rund 900 Kilogramm wollen einiges zu tun haben. Es eignet sich hervorragend als Zugpferd, durch seine imposante Erscheinung mit hoch angesetztem Hals und dem üppigen Behang auch für den repräsentativen Einsatz beispielsweise vor einem Brauereiwagen. Noch mehr als andere aber sollte es einen weiteren festen Job haben, beispielsweise in der Forstwirtschaft, um ausgelastet zu werden.

Die Zucht von Percherons zu Arbeitszwecken findet heute oft außerhalb seiner Heimat statt, in Frankreich selber vermehrt man die Tiere vor allem zur Fleischgewinnung.

Tibor von Pettkó-Szandtner, hier im Vierspänner mit Shagyas, ist ein ungarischer Volksheld. Er rettete die Zucht vor dem Untergang.

SPECIAL: SHAGYA-ARABER

Anfang des 19. Jahrhunderts begann man vielerorts, Araber mit den heimischen Warmblütern zu kreuzen, zur Blutauffrischung und um leichtere Pferde zu züchten. Eine Zucht erhält meist entweder den Namen des Herkunftsgebietes oder des Hengstes, der den größten Einfluss haben würde. Letzteres weiß man im Vorfeld natürlich nur selten.

Zu Zeiten der Donaumonarchie im Jahre 1816 begann man mit der Zucht eines leichteren Pferdes für das Militär. Ziel war ein Pferd, schnell wie ein Vollblüter, mit Adel und Härte wie ein Araber, das aber einen Reiter samt Ausrüstung tragen konnte wie ein Warmblüter oder Lipizzaner. Nach ausgeklügelten Kriterien, viel Erfahrung und Pferdeverstand setzte man arabische Pferde ein, um die gewünschten Eigenschaften hervorzubringen. Man kreuzte sie unter anderem mit spanischen Pferden, Lipizzanern, Siebenbürgern. Es handelte sich um noch bei verschiedenen Beduinenstämmen geborene Hengste, aber man brachte auch Stuten mit nach Hause. 1836

wurde ein Hengst aus Syrien importiert, der einer neuen Rasse seinen Stempel aufdrücken würde und nach dem sie mehr als 140 Jahre später benannt werden sollte: Shagya.

Das neu entstandene Pferd hieß anfangs schlicht „Araber Rasse", seine Heimat wurde das Ungarische Nationalgestüt Bábolna. Da es immer wieder zu Verwechslungen mit dem Araber an sich kam, nannte man die Rasse um – und wählte den so einflussreichen Shagya zum Namensgeber. Dies geschah allerdings erst im Jahre 1979, ist also noch gar nicht so lange her, aber es beendete das Namenswirrwarr um Araber, mit denen die reinen, die „asilen" gemeint waren, und die Araber-Rasse.

Während des Zweiten Weltkrieges brachte der damalige Leiter Bábolnas, Tibor von Pettkó-Szandtner, einen Teil der Herde nach Bayern in Sicherheit. Heute haben viele der im Sport erfolgreichen Pferde Shagya im Pedigree, wie die Pferdelegenden Rembrandt (Dressur) oder der Wunderschimmel Milton (Springen).

Mindestens 30 Generationen Reinzucht, 30 Generationen ohne Fremdeinflüsse. Das bedeutet Vollblut. Der asile Araber, auch Vollblutaraber genannt, gilt als die älteste Hauspferderasse der Welt – wenn nicht sogar als älteste Haustierrasse überhaupt. 1700 v. Chr. wurde auf der Halbinsel Sinai ein Pferdeskelett gefunden, das Merkmale des arabischen Pferdes aufweist. Mohammeds Signal folgten fünf Stuten rund 2400 Jahre später: Auf der Flucht nach Medina waren die Tiere durstig und erschöpft. Sie konnten das Wasser riechen, als man sie laufen ließ. Kaum waren die Pferde frei, ließ Mohammed das Signal zum Sammeln geben. Während die Herde weiter zum Wasser strebte, machten jene Fünf kehrt und gehorchten dem Ruf. Sie wurden die Stammmütter des Vollblutarabers.

Im Zuge der Expeditionen von Pferdekennern ab dem 18. Jahrhundert mit dem Ziel, von Beduinen edle Pferde zu erwerben und nach Europa zu bringen, kamen drei Hengste nach England. Ihre Namen waren Byerley Turk, Darley Arabian und Godolphin Arabian, der später in Godolphin Barb umbenannt wurde. Eigentlich aber hieß er „Sham". Der Bey von Tunis schenkte ihn Ludwig XV., doch am französischen Hof erkannte man die Qualitäten des Hengstes nicht. Der Berber, der er wohl eigentlich war, wurde verscherbelt und ging vor dem Karren eines Wasserträgers, wo ihn der Engländer und Pferdeagent Edward Coke entdeckte und kaufte. Es scheint aber so, dass sich hier Legende und Fakten ein wenig umeinander ranken. Und ob Sham auf dem Gestüt des Earls of Godophin wirklich erst als Probierhengst Dienst tun musste, wie oft behauptet wird, ist ebenfalls fraglich. Das sind die Hengste, die der Stute zwar Avancen machen dürfen und ihre Knochen hinhalten, wenn sie noch nicht soweit ist. Ist sie aber in der Hochrosse und duldet den Hengst, dann kommt ein anderer zum Zuge. Wie auch immer es gewesen sein mag: Shams Stunde kam, als er die Stute Roxanna deckte

und ihr Fohlen namens Lath zum berühmtesten Rennpferd seiner Zeit wurde. Zum Glück blieben dem Vater noch etliche Jahre, er starb Weihnachten 1753 mit rund 30 Jahren und sein Einfluss war inzwischen so groß, dass er neben dem Gestüt begraben wurde. Noch heute erinnert ein Gedenkstein an ihn.

Es ist kein Zufall, dass die Engländer großes Interesse an orientalischen Pferden hatten. Colonel Robert Byerley hatte ein Kavalleriepferd, das angeblich den Türken in der Schlacht bei Buda 1688 abgenommen wurde. Er soll ein Araber oder ein Turkmene gewesen sein, jene Rasse, die heute als Achal-Tekkiner bezeichnet wird. Man weiß nur, dass er einmal ein Rennen gewonnen hat, aber ab 1701 stand er als Deckhengst auf dem Gestüt seines Besitzers und begründete über seine Nachfahren mehrere berühmte Vollblutlinien.

Im Jahre 1704 schickte Thomas Darley einen Hengst aus Syrien in seine Heimat, der ebenfalls erfolgreich in der Rennpferdezucht eingesetzt wurde – Darley Arabian. Dem Begleitschreiben Darleys nach handelte es sich vermutlich aber nicht um einen Vollblutaraber, sondern um einen Achal-Tekkiner. In einer Studie aus dem Jahre 2001 stellte sich heraus, dass rund 95 Prozent aller Englischen Vollblüter auf diesen Hengst zurückgehen.

Die Nachkommen dieser Pferde sollten aber nicht nur die Zucht von Rennpferden begründen, sondern ab dem 19. Jahrhundert entscheidenden Einfluss auf beinahe alle anderen Rassen genommen haben. In fast allen Stammbäumen sämtlicher Rassen tauchen Vertreter von ihnen auf oder waren bereits an der Gründung beteiligt, zum Beispiel Araber beim Haflinger.

Aufgalopp. Trächtige Vollblut-araberstuten auf der Weide.

Spurt im Schnee. Englische Voll-blüter auf ungewohntem Geläuf, dem „White Turf" in St. Moritz.

Herausforderung. Zwei junge Vollblut-araber beim spielerischen Kräftemessen.

Rasseporträt: Shire Horse – der „Gentle Giant"

Sie sind die Giganten unter den Riesen. Das Shire kann gut und gerne zwei Meter hoch werden und über eine Tonne schwer. Durch ihren hoch angesetzten Hals wirken sie noch größer, da kann einem schon anders werden, wenn man direkt daneben steht. Doch glücklicherweise sind sie ausgesprochen umgänglich und freundlich. Doch eines sind sie nicht: langweilig. Das Shire hat für einen Kaltblüter eine Menge Temperament.

Ein Allrounder für Schwindelfreie

Das Shire ist ein klassisches Arbeitspferd und zieht sowohl den Pflug als auch schwere Wagen und Karren. Darüber hinaus ist es aber auch ein hervorragendes Reitpferd. Dies ist wohl seinem Erbe als ehemaligem Ritterpferd zu verdanken. Die damaligen Truppen pflegten auf den Gegner in langsamem Trab zuzureiten, wobei die Pferde alles unter ihren Hufen zermalmten, was nicht rechtzeitig in Sicherheit kam.

Das Shire geht auf Pferde zurück, die Wilhelm der Eroberer im Jahre 1066 n.Chr. mit nach England brachte, und bereits vorhandene Kaltblüter. Mit dem Verschwinden der Ritter wurden die schweren Pferde in den Schlachten überflüssig, es änderte sich der Anspruch. Nun stand die Zugleistung im Vordergrund.

Im 12. Jahrhundert wurden schwere Hengste aus Flandern importiert, um sie mit den einheimischen Stuten anzupaaren. Veranlasst hatte dies der damalige König „Johann ohne Land".

König Heinrich VIII., den man aus ganz anderen Zusammenhängen als der Pferdezucht kennt, verhängte eine Mindestgröße der Pferde, die noch zur Zucht zugelassen wurden. Hengste, die drei Jahre und älter waren und nicht mindestens 15 Hands, umgerechnet 153 Zentimeter, Widerristhöhe hatten, durften nicht mehr zusammen mit Stuten auf die Weide. Alle Tiere, die für die Zucht ungeeignet oder zu klein waren, mussten geschlachtet werden. Er wollte keine kleinen oder gar schwächlichen Tiere, was irgendwie wieder ins Bild passt. Auf seine Anordnung hin wurde das Gestüt der „Great Horses" gegründet, mit Tieren aus diversen Grafschaften, den „Shires". Im Laufe der Jahrhunderte wurden Friesen eingekreuzt und im 18. Jahrhundert gab es fast nur noch Rappen, woraufhin sie erst einmal schlicht „Black Horse" genannt wurden. Kriegswirren um 1850 und der Ausverkauf der Rasse Richtung Kontinent und Schottland - wo sie die Zucht der Clydesdales begründeten - hatten den Black Horse stark zugesetzt, und fast wären sie verschwunden. Doch Ausgang des 19. Jahrhunderts gründete sich die „Shire Horse Society" und setzte sich für den Erhalt der Rasse ein. Geholfen hat dabei einer der legendären Hengste, die der Rasse ihren Charakter gaben, „Lincolnshire Lad II.".

Einsatzgebiete

Landwirtschaft, Handel, Bewegen von schweren Lasten in den Häfen und Handelszentren der Insel. Treideln - also das Ziehen von Kähnen flussaufwärts -, das Ziehen von Bussen und Straßenbahnen in den Städten. Heute auch als Show- und Dressurpferd bis zur Hohen Schule.

Auf dem Weg zur Kesch-Hütte, 2625 m ü. M. Die Pferde tragen ca. 70 kg Holz, der Packsattel wiegt 42 kg. Die Hütte kann nur mit Pferden oder einem Hubschrauber versorgt werden.

Das Schweizer Militär stolz auf seine Freiberg

RASSEPORTRÄT: FREIBERGER

Das Leichtgewicht unter den Kaltblütern ist der Freiberger, die einzige Pferderasse, die auf Schweizer Boden, genauer in den Hochlagen seines Juras, entstand. Wenig überraschend ist es vor allem für leichtere Arbeiten in der Landwirtschaft geeignet, denn das schwere Pflügen ist in den Bergen ist eine selten verlangte Disziplin. Es ist gleichermaßen gut als Last-, Zug- und Reittier im Einsatz und findet auch bei Freizeitreitern immer mehr Freunde, die das ausgeglichene und freundliche Interieur schätzen.

In den letzten Jahren hat eine Neuausrichtung der Zucht stattgefunden, um ihrer Eignung als Freizeitkamerad noch mehr zu entsprechen, ohne die in ihrer langen Geschichte entwickelten und bewährten Eigenschaften einzubüßen. Dazu gehört auch ein Charaktertest in der Zuchteignung, den jedes Pferd bestehen muss: Einen Freiberger soll so gut wie nichts aus

der Ruhe bringen. Dennoch verfügen sie über Temperament und sind sehr gehfreudig. Die kurze Fesselung verleiht ihnen zwar nicht die schwungvollsten Gänge, macht sie aber, wie die meisten Pferde der Hochlagen, besonders trittsicher. Dies ist eine der Eigenschaften, die sie auch für das Schweizer Militär prädestiniert, das sie nach wie vor als Saumpferde einsetzt.

Der Freiberger ist bis heute vor allem in der Schweiz verbreitet, immer häufiger aber ist er auch im benachbarten Ausland zu finden. Zu den als Freizeitpferde genutzten Tiere kommen einige Hengste hinzu, die eingekreuzt werden bei schwereren Rassen, beispielsweise dem Schwarzwälder Kaltblut, um deren Einsatzspektrum zu erweitern. Zwar zählt auch der Freiberger seiner Zahl nach zu den bedrohten Haustierrassen, doch im Gegensatz zu vielen schwereren Kaltblütern ist der Bestand stabil, in der Tendenz eher steigend. Dies liegt vor

Die kleinen Kaltblüter werden für ihr Temperament, aber auch ihre Gutmütigkeit und ihren Langmut geschätzt.

allem an seinen vielseitigen Einsatzmöglichkeiten bis hin zur Reittherapie. Liebhaber der Rasse loben die Wendigkeit durch die kräftige Hinterhand mit sehr guter Schubkraft. Nicht zuletzt darum hat sich der Freiberger auch im Fahrsport schon bestens bewährt.

Die kompakten und wohl proportionierten Pferde kommen vor allem als Braune, aber auch als Füchse vor. Gelegentlich werden auch Schimmel geboren, aber nicht für die Zucht zugelassen. Trotz der für einen Kaltblüter eher geringen Größe von bis zu 1,60 Metern und dem Gewicht von maximal 650 Kilogramm sind

sie eine imposante Erscheinung durch die breite Brust und den kräftigen Hals, dessen Ende ein meist hübscher Kopf schmückt – Zeugnis der Einkreuzungen unter anderem von Anglo-Normannen, aber auch Vollblütern im 19. Jahrhundert.

RASSEPORTRÄT: FÜCHSE DES LICHTS – HAFLINGER

Vom Lasttier für die Bergregionen hat sich der Haflinger inzwischen zum Allrounder für fast jeden Anspruch entwickelt, sein Ticket in eine gesicherte Zukunft. Und so mancher von ihnen machte inzwischen Karriere im Westernsport, was ihm den Beinamen Alpenquarter einbrachte. Seine Fans züchten ihn rund um den Globus, ob in Australien, Südamerika, den USA, aber auch Bhutan und Thailand. Damit ist der Haflinger eine der verbreitetsten Pferderassen der Welt.

Auch wer kaum ein Fünkchen Ahnung von Pferden hat, erkennt ihn, den Haflinger. Das liegt unter anderem an der konsequenten Zucht. Es werden nur solche Tiere von der „Welt Haflinger Vereinigung" anerkannt, die auf den Gründerhengst zurückgehen und keine Einkreuzung anderer Rassen aufweisen.

Im Jahre 1874 kreuzte ein Bauer namens Josef Folie einen Araberhengst mit einer vermutlich einheimischen Gebirgsstute. Aus dieser Verbindung entstand „249 Folie", so hieß der kleine Hengst. Zugetragen hat sich dies im Vinschgau im heutigen Südtirol. „249 Folie" war offensichtlich bei den Pferdehaltern der Region schnell ein Renner und wurde zum Gründerhengst eines neuen Schlages. Schon bald prägten die fuchsfarbenen Pferde mit dem weißen Behang das Landschaftsbild rund um das Dorf Hafling nahe Meran. Verantwortlich für die ungewöhnliche Färbung ist das sogenannte Flaxen-Gen, das auch bei anderen Pferden zu finden ist, man nennt sie Lichtfüchse. Bei den Haflingern, aber auch anderen Rassen wie dem Schwarzwälder Kaltblut ist es Pflicht.

Zwei Umstände sind beim Haflinger, wie auch bei vielen anderen Robust- und Arbeitspferderassen, zu beachten: Sie vertragen weder Überfütterung noch Unterforderung. Beides hat den Haflingern und einigen Kollegen den Ruf eingebracht, stur und büffelig zu sein. Dabei sind die Ursachen für derlei in der Haltung und dem Handling zu suchen. Gerade Angehörige alter Rassen sind nicht dumm und natürlich suchen sie ihren Vorteil. Wenn der darin liegt, einen schwachen Reiter zu schikanieren, vorzugsweise dann, wenn er sich aber für einen guten hält, dann tun sie es. Wer aber bestimmt-freundlich mit ihnen umgeht und sie fit hält, für den zerreißen sie sich.

Und: Gerade Angehörige dieser Rassen eignen sich ganz hervorragend für die Reittherapie. Sie sind nervenstark, gelassen und vertragen auch mal einen unkoordinierten Knuff. Andererseits sind sie intelligent, sensibel und denken mit bei der Zusammenarbeit mit dem Therapeuten.

Ein noch sehr junges Shetlandpony.

Der Isländer hingegen, der eher aussieht wie ein Pony, ist ein Kleinpferd.

Fjordpferd

Das Connemara gilt als Pony, obwohl doch aussieht wie ein kleineres Pferd.

SPECIAL: EIN KLEINPFERD IST KEIN PONY

Ein Shetlandpony ist ein Pony, ebenso ein Exmoor, Dartmoor oder Lehmkuhlener. Haflinger, Dülmener, Fjordpferd oder Isländer sind es nicht. In der Turnierreiterei ist alles unter 1,49 Metern Widerristhöhe ein Pony und darf in den Ponyklassen starten. In der Zucht ist die Unterscheidung eine andere. Aber welche nur? Eine Theorie besagt, dass solche als Ponyrassen bezeichnet werden, die nie über 1,48 Meter groß werden. Dann wäre auch der Isländer ein Pony. Nach anderen Theorien kommt es auf den Einfluss anderer Rassen an, Shetland, Isländer etc. sind seit Jahrhunderten weitgehend unter sich. Das Connemara aber wurde reichlich veredelt mit Arabern und Spaniern, gilt aber als Pony. Vielleicht liegt dies daran, dass es im Angelsächsischen den Begriff „Kleinpferd" bzw. die Unterscheidung gar nicht gibt. Und an dem Dünkel hierzulande, früher galten Ponys nicht selten als Pferde zweiter Klasse. Und ob die Isländer ihren Siegeszug auf dem europäischen Festland als Ponys hätten antreten können? Dennoch outet man sich im knochenkonservativen Hippologenkreis und dem, was sich dafür hält, als vermeintlich Ahnungsloser, wenn man ein Fjordpferd als Pony bezeichnet, auch wenn es nicht aus der Regenrinne saufen kann.

RASSEPORTRÄT: DER DÜLMENER

Noch Anfang des 19. Jahrhunderts gab es in Deutschland einzelne Wildbahnen, Anfang des 18. Jahrhunderts allein fünf in Westfalen. Dort erhielten sich „Wildpferde" und pflanzten sich fort. Ihren fast vollständigen Niedergang läutete die Markeneinteilung zwischen 1840 und 1850 ein, und nur die Wildbahn im Merfelder Bruch wurde erhalten.

Schon 1316 werden die Dülmener erstmals urkundlich erwähnt. Damals sicherten sich die Herren Johannes de Lette und Hermann de Merfeld neben dem Jagd- und Fischereirecht auch das Recht an den wilden Pferden. Dass sich bereits im Mittelalter ein solches Recht herausgebildet hatte, lässt den Schluss zu, dass diese kleinen Pferde schon sehr viel länger in diesem Gebiet heimisch waren. Dies wird auch durch Cäsars Geschichtsschreiber bestätigt (55 v. Chr.), denn sie beschreiben zottige Pferde, die sehr schnell gewesen sein sollen.

Dem Herzog Alfred von Croy ist es zu verdanken, dass wir sie heute noch sehen können. Er ließ um 1850 die letzten der Wildpferde, es waren noch etwa 20 übrig geblieben, einfangen und stellte ihnen ein Gehege. Dieses wurde im Laufe der Zeit stetig vergrößert und seine 1500 Morgen bieten heute etwa 250 bis 300 Tieren ein naturnahes Zuhause.

Die Wildbahn mit Weide-, Wald-, Heide- und Bruchgelände bietet den Pferden abwechslungsreiche Nahrung, aber das Futterangebot ist nur mäßig und karg. Und nur in strengen Wintern erhalten die Wildlinge Heu und Stroh, manchmal auch Grassilage, niemals aber Kraftfutter. So sind die Dülmener hart, robust und genügsam.

Das Bild der Herde soll einer Wildpferdeherde gleichen, doch Wildpferde im zoologischen Sinne sind die Dülmener nicht. Zum einen hat es in den vergangenen Jahrhunderten immer wieder

Vermischungen mit Kriegs- und Bauernpferden gegeben, zum anderen wurden zur Blutauffrischung wiederholt auch Hengste „fremder Rassen" eingekreuzt, u.a. Welshponys. Seit 1944 aber setzt man nur noch Hengste ursprünglicher Rassen ein wie Mongolen, Huzulen und Exmoor und seit 1956 vor allem Konikhengste aus einem polnischen Zuchtprogramm zur Rückzüchtung des Tarpans.

Es haben sich zwei Hauptfarben herausgebildet. Man unterscheidet zwischen dem Tarpan-Typ (mausgraue Falben) und dem Przewalski-Typ (gelbbraune Falben). Daneben gibt es dunkel- und schwarzbraune Pferde, die alle den charakteristischen Aalstrich, z.T. auch Schulterkreuz und Wildzeichnung an den Extremitäten aufweisen.

Als Dülmener Wildpferd werden nur jene bezeichnet, die noch im Merfelder Bruch, ihrer angestammten Heimat, leben. Haben sie diesen einmal verlassen, oder wurden sie außerhalb der Wildbahn gezogen, heißen sie Dülmener oder Dülmener Kleinpferd.

Bis auf den gesteuerten Einsatz der Deckhengste sind die Wildlinge sich selbst überlassen und müssen mit Geburt und Krankheit alleine fertig werden. Nur einmal im Jahr wird die urtümliche Idylle des Merfelder Bruches nachhaltig gestört; nämlich dann, wenn am letzten Samstag im Mai die einjährigen Hengstfohlen im Rahmen eines Volksfestes mit Tausenden von Zuschauern eingefangen und versteigert werden.

Im Jahr 2014 erkor die GEH den Dülmener zur bedrohten Haustierasse des Jahres, um so auf sein Schicksal aufmerksam zu machen und für den Erhalt zu werben.

Sabine Heüveldop

Zeitlos

Eine Weile sah es danach aus, dass Pferde ausgedient haben und verschwinden würden. 1950 gab es in Deutschland 1,6 Millionen, 1970 waren es gerade noch rund 300 000.

Heute sind es wieder um eine Million Pferde, vor allem im Sport und in der Freizeitgestaltung.

Einige Nischen behaupteten jedoch auch Arbeitspferde für sich. Beides bescherte dem dazugehörigen Handwerk ungeahnten Aufschwung.

Einer trage des anderen Last ...

Wo es steil und eng ist, zu unwegsam für Karren und Wagen, da kamen Saumtiere, meist Esel, Mulis, Ochsen und Pferde zum Einsatz. Auf vielen ihrer ehemaligen Routen führen inzwischen Straßen zu jenen Berghütten hinauf, die früher Haltestationen für die Säumer waren und heute Touristen bewirten.

Saum kommt vom lateinischen Sauma für Traglast und nicht daher, dass die Tiere auf einem schmalen Bergpfad wie auf einem Saum ihre Lasten balancieren mussten – obwohl es passen würde. Bei Tragtieren denken die meisten unwillkürlich an die Tragtierkompanien der Heere, die von Proviant bis zu Haubitzen alles transportieren, was der Soldat nicht am Leibe trägt. Solche Sondereinheiten stehen auch heute noch im Dienst in der Schweiz, in Österreich und auch in Deutschland. Für ihre zweibeinigen Kollegen bekommt der Ausdruck „Truppenbetreuung" da eine ganz neue Bedeutung, denn es wird penibel darauf geachtet, dass die Pferde und Mulis, meist in der Überzahl gegenüber kurzohrigen Kollegen, fachgerecht versorgt und geleitet werden. Geradezu pazifistisch war dagegen der Auftrag der Saumtiere: Sie transportierten vor allem Salz und Wein, ersteres diente der Haltbarmachung von Lebensmitteln und zweites derer der Menschen. Das Säumen mit Pferd und Muli erlebt seit einigen Jahren eine Renaissance. Zum einen entdecken immer mehr Menschen den Reiz, sich allein mit einem Tier auf den Weg zu machen   entsprechend entstanden auch Angebote diverser Anbieter. Dabei trägt der vierbeinige Kamerad nicht nur die Lasten, er wird auch zum Eisbrecher und Türöffner im Kontakt mit anderen. Zum anderen sind sie gerade in entlegenen Hochlagen die einzigen, die sicher und effizient Lasten zustellen – wie Nicola Förg, Schriftstellerin, aber auch erfahrene Reisejournalistin und „pferdenarrisch", erfuhr.

Ginger hat den zukünftigen Wald in der Tasche

Haflingerdame Ginger beäugt skeptisch die Kisten mit den Setzlingen. Die soll ich alle tragen? Neben ihr schüttelt sich Zilly angewidert, es regnet nämlich, und bei Wasser hält sich

nger und Sepp Gerg haben einen herrlichen
beitsplatz, zumindest, wenn es nicht regnet.

Zillys Begeisterung doch sehr in Grenzen. Wenn Zilly sich schüttelt, gibt das dieses wunderbare Geräusch von „Flap, Flap, Flap", wenn die langen Ohren an den Hals klatschen. Zilly ist nämlich ein Muli, und die mögen's nicht so nass. Ginger ist der Regen egal, aber ihr Blick bleibt skeptisch. Sie kennt das noch vom Vorjahr: Da hatten sie und Zilly einen Einsatz im Graswangtal, diesmal sind die beiden tierischen Spezialistinnen für die Schutzwaldsanierung bei Krün auf kniffligen Bergpfaden unterwegs. Die Pflanzen müssen erst bergan geschleppt und dann in verschiedenen Zonen abgesetzt werden. Wo genau, das weiß Herrchen Sepp Gerg aus Eglfing, der einen Plan vom Forstamt Krün erhalten hat. Nur eines weiß er nicht: Wie man den Regen abstellt.

Aber genau dann, wenn die Bergnatur sich als ganz schön unkooperativ erweist, kommt die große Stunde der Tragtiere. Der Hubschrauber kann bei Sauwetter nämlich nicht fliegen. Zwar ist es nach wie vor der Hubschrauber, der eingesetzt wird, vor allem wenn sehr große vertikale Höhendifferenzen überwunden werden müssen, aber Wolfgang Pfadler (47), gebürtiger Franke, Revierförster im Bereich Krün, setzt auch gerne auf Tragtiere. Da wo's passt: „Hier am Fischbachkopf sind wir in einem Naturschutzgebiet, da gebe ich Tragtieren auf jeden Fall den Vorzug. Kein Lärm, keine Kerosinemission, das Wild wird nicht erschreckt. Zudem kann man mit Tragtieren die Pflanzen sehr dosiert absetzen, das erleichtert die Arbeit für die Pflanzer." Ein Hubschrauber setzt eben 1000 Stück auf eine Stelle.

Maultiere und Haflinger haben im Gebirge immer schon Transportaufgaben übernommen,

Haflinger gehören ins bayerische Oberland und es ist eine schöne Rückbesinnung auf diese Tradition, heute wieder Tiere einzusetzen.

Auch wenn er seine Ginger heiß und innig liebt, sagt Sepp Gerg, dass „das Muli im Gebirge sozusagen der Ferrari unter den Tragtieren ist." Mulis können auch in schwierigen Passagen „auf dem Strich gehen", d.h. sie setzen die Hufe in einer Linie auf, Pferde hingegen brauchen deutlich breitere Wege. Ginger ist ja auch erst in der Ausbildung. Die fünfjährige Stute muss lernen, wirklich auf den Weg zu achten, sich nicht ablenken zu lassen und eben nicht – ganz verfressener Haflinger – nach dem Grün am Wegsrand zu schnappen. Das kann in dem Fall tödlich enden, denn die Wege hart am Abgrund erfordern die volle Konzentration. „Es ist faszinierend, wie schnell sie lernt", sagt Sepp Gerg und ist stolz, wie sie bereits nach einem Tag auf der Stelle wenden kann.

Und dann geht's retour zur „Ladezone", neue Pflanzen aufpacken, Zilly kann bis zu 150 kg tragen, Ginger und Pferdekollegin Fohli, die auch mit von der Partie ist, tragen deutlich weniger. Die Pferde stehen da und dösen ein bisschen, während Sepp Gerg und seine beiden Helfer zählen. Auf 10 zählen, das müssen sie können! Denn die Pflanzen werden aus den Kisten in Tüten umgepackt. Genau 10 an der Zahl. Am Ende sind es 6500 Pflanzen, die Ginger, Zilly und Fohli in den Schutzwald schleppen.

Ohne sinnvolles Wald- und Wildmanagement funktioniert das Miteinander von Tier, Pflanze und Mensch nicht mehr. Zwar kann man beim heutigen Schutzwald noch nicht von Überalterung sprechen, dennoch fallen an sensiblen Standorten wichtige Einzelbäume aus, das Kronendach lichtet sich. Im ursprünglichen Bergwald hatte die Fichte etwa 50 Prozent, beigemischt waren zu je 20 Prozent die Buche und Tanne, die restlichen Prozente entfielen auf Bergahorn, Lärche und Kiefer. Heute ist in den Altbeständen zu wenig Verjüngung vorhanden, die Fichte gewinnt an Boden. Schutzmaßnahmen bestehen neben dem Verlegen von Schwellen, dem Errichten von Schneezäunen, Lawinenverbauungen und Dreibeinböcken vor allem aus Pflanzungen.

Und da kommt Ginger ins Spiel. Unterschieden wird nach vordringlichen Sanierungsgebieten, dringlichen Gebieten und Gefährdungsgebieten. Der Fischbachkopf ist so ein vordringlicher Standort „für den Hochwasserschutz, wegen zunehmender Erosion und weil die Zerfallsstufe hier relativ weit fortgeschritten ist", erklärt Pfadler. 6500 Pflanzen, das ist eine Maßnahme mittlerer Größe. Gepflanzt wird vornehmlich im Herbst, weil die Triebe verholzt sein müssen und vor dem Schnee gepflanzt werden muss. Das Saatgut stammt aus Pflanzen aus der entsprechenden Höhenlage. Es hat sich nämlich gezeigt, dass bereits wenige Höhenmeter einen erheblichen Unterschied im Erbgut ausmachen.

Ginger und ihre Kolleginnen tragen Buche, Kiefer und Mehlbeere. „Die Mehlbeere ist eine biologische Beimischung, die an südexponierten trockenen Standorten den Humus verbessert. Der Prozentsatz der Nadelbäume soll aber überwiegen, weil wir vor allem im Winter

uch in der Armee Österreichs noch ertreten: Pferde, wie dieser Haflinger.

Im Dienste für das leibliche Wohl.

Historischer Packsattel.

auf die Schutzfunktion der Baumkronen angewiesen sind", erklärt Pfadler und krault Ginger hinter den Ohren. „Die hat ja schöne Locken!", wundert er sich und rückt eine Packtasche zurecht. Ginger nimmt das Kompliment majestätisch zur Kenntnis, schafft es nun doch, an einem Tannenzweig zu naschen und marschiert wieder los. Bis zu neunmal am Tag steigt die Truppe hinauf, die drei Tiere befördern rund 1500 Pflanzen am Tag, die dann später von Waldfacharbeitern gepflanzt werden. Fünf Männer schaffen am Tag je 150 Pflanzen – auch das ist Ginger schnurzpiepegal. Sie hat ihren Part vollbracht, die Sonne scheint wieder und vom schweren Packsattel befreit wird jetzt erst mal so richtig im Dreck gewälzt. Und dann einmal laut ins Tal hinunter gewiehert!

Nicola Förg

Herr über das Feuer

D er Pferdehuf ist von Natur aus konstruiert für Grassavannen, also nachgiebigen Untergrund. Fels, steiniger Untergrund oder auch Straßenbeläge behagen ihm auf Dauer nicht. Ein Problem, vor dem schon die Alten Römer und Griechen standen und das ausgerechnet in der hufschonenden Steppe halbwegs gelöst wurde. Seit dem Mittelalter passierte diesbezüglich nicht mehr viel, doch seit 20, 30 Jahren weht ein frischer Wind durch die Esse.

Römer und Griechen trieben regen Handel bis in die letzten Winkel ihrer Provinzen und ließen Tausende Kilometer Straßen bauen. Für Wagenräder war das vorteilhaft, für Pferdehufe nicht. Früher wie heute gehen Pferde erst fühlig, sie werden langsam und setzen die Hufe vorsichtig, denn die Steine tun ihnen weh, schließlich lahmen sie zum Teil stark. Aristoteles beklagte dies bereits 300 v. Chr. und schrieb, dass Pferde der Kavallerie ausfielen, weil ihre Sohle zu stark abgenutzt war. Doch die Tiere waren wertvolles Arbeitsgerät, Abhilfe tat not.

Wir wissen aus *Ben Hur* und *Quo Vadis*, was Römer und Griechen an den Füßen trugen, das Schuhwerk gab einem ganzen Filmgenre einen Namen: Sandalen. Diese flocht man auch für Pferdehufe, doch ihre Haltbarkeit war, milde gesagt, begrenzt. Die weiche Sohle aus Bast oder Leder wurde ersetzt durch eine Eisenplatte. Allerdings: Das Gelbe vom Ei war auch das nicht. Die Riemen führten zu Scheuerwunden, und wie oft ein Kutscher abstieg und fluchend die Pantoffeln suchte, ist nicht überliefert. Es wird oft gewesen sein, am Pferdebein wirken enorme Fliehkräfte beim Ausgreifen im Trab oder Galopp, ganz zu schweigen vom Abrieb.

Die Skythen hatten das Problem, wie andere Reitervölker der Steppe, nicht. Ihre Pferde bewegten sich in ihrer natürlichen Umgebung auf weichem Untergrund. Zudem kann sich ein Reiter den Untergrund besser aussuchen als ein Kutscher. Sie haderten nur zeitweise mit der Bodenbeschaffenheit, nämlich im Winter. Dr. med. vet. Urs Imhof aus Kerzers in der Schweiz hat eine Menge Wissen zusammengetragen. Demnach konnten die Skythen mit ihren Pferden sogar über Eis galoppieren – normalerweise glatter Selbstmord, Pferde können auf schlüpfrigem Geläuf kaum sicher Schritt gehen. Die Skythen trieben vermutlich zugespitzte Eisenstifte so in die Hufe der Pferde, dass sie die Tiere nicht verletzten, aber gleich Spikes sicheren Halt gaben. Und: Die Skythen trieben regen Handel mit den Griechen, die

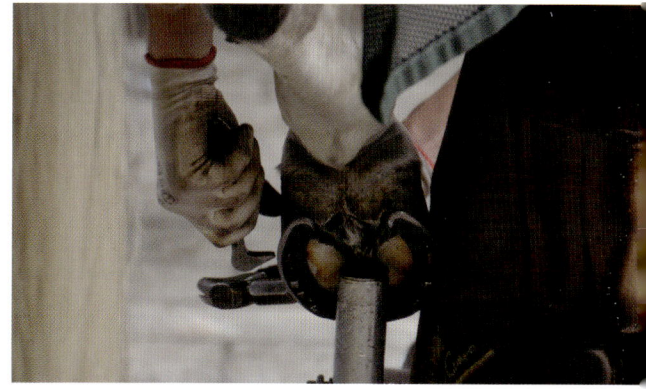

Früher wurden alle Pferde zum Schmied gebracht, heute kommen die meisten Schmiede mit einer fahrbaren Werkstatt zum Pferd.

Der Schimmelhengst kennt die Prozedur und stellt den Vorderhuf fast allein auf dem Bock ab. Der Schmied feilt nochmal nach.

Die Gretchenfrage

Eisen oder nicht Eisen – das ist die Frage, die sich die meisten Pferdebesitzer irgendwann stellen. Über der heutzutage geradezu mit ideologischem Eifer geführten Diskussion sind schon Freundschaften zerbrochen. Es gibt die Barhuf-Befürworter und die Eisen-Fraktion – seit rund 20 Jahren stehen sie sich unversöhnlich gegenüber. Der Außenstehende kommt nicht umhin, wieder einmal festzustellen, dass überall dort, wo Ideologie ins Spiel kommt, Sachlichkeit und Verstand, hier gelegentlich zum Leidwesen des Pferdes, meist floten gehen.

so wie die Römer noch mit den unzulänglichen Eisensandalen unterwegs waren. Da mag sich ein skythischer Schmied mal beides angesehen und sich gedacht haben, ob er da nicht bei den Griechen eine Riesenmarktlücke entdeckt hat. Vermutlich einer von ihnen nämlich nagelte als erster eine Sandalenplatte auf und sorgte für Halt, wo Riemen und Seile ihn eben nicht gaben. Dies könnte etwa 500 n. Chr. geschehen sein, und der Beschlag verbreitete sich innerhalb der nächsten 100 Jahre. Lange am Huf hielt auch er noch nicht, man nimmt an, dass die Nägel nach wie vor nur wenige Millimeter senkrecht von unten nach oben in die Hornkapsel geschlagen wurden. Erst 900 n. Chr. kam man darauf, die Nägel schräg zu setzen. Nur dann gehen sie am Hufbein und der, trotz des Namens sehr empfindlichen, Lederhaut vorbei, die es umgibt. Dort, wo sie wieder austreten, werden sie umgebogen bzw. vernietet – und zwar ohne, dass sie lebendes Gewebe auch nur berührten, denn ein vernageltes Pferd ist erst einmal hochgradig lahm und demzufolge unbrauchbar.

So blieb es rund 1000 Jahre. In den 1970er Jahren, als die Zahl der Pferde ihren Tiefstand erreicht hatte, galt der Hufschmied als aussterbendes Handwerk. Dann kam der Reitboom, aber Hufschmied wollte keiner mehr werden. Die folgenden Jahre wurde die Telefonnummer eines Schmiedes in Reiterkreisen zur Dealerware, und wer einen hatte, durfte sich glücklich schätzen. Da war es schon fast egal, wenn man mal drei oder vier Stunden wartete, der Herr zusammen mit Bierflaschen aus dem Auto kullerte oder man ihn selber abholen musste, weil er aus Altersgründen den Führerschein vor Jahren schon abgegeben hatte. So mancher ließ sich breitschlagen, auch weit jenseits des Rentenalters noch den Hammer zu schwingen. Natürlich waren das Ausnahmen, aber es soll die Verzweiflung deutlich machen, die teilweise unter Pferdeleuten herrschte.

Altes Handwerk in modernem Gewand

Das Handwerk des Hufschmieds ist heute mehr denn je hoch angesehen, und jeder Pferdehalter tut noch immer gut daran, es sich mit einem versierten Schmied nicht zu verderben. Seine Arbeit ist wichtig für die lange Lebensdauer und Nutzbarkeit des Pferdes. Nicht beachtete Fehlstellungen – und sind es auch nur wenige Millimeter – führen langfristig zu Fehlbelastungen und Erkrankungen, die oft irreversibel sind. Dafür ist die Auswahl an Hufschutz größer denn je. Von orthopädischen Beschlägen, ergänzt durch Kunststoffe, die dämpfend wirken sollen, bis zu ultraleichten Aluminium-Eisen aus dem Flugzeugbau, um die Fliehkräfte an zarten Beinchen von hoch im Blut stehenden Pferden zu verringern, nicht zu vergessen die Hufschuhe, die nur im Bedarfsfall angezogen werden, gibt es fast alles.
Der Hufschmied heute ist mehr denn je auch in Fragen der Tiergesundheit und Sportlehre gefordert. Bei diversen Erkrankungen wird er, idealerweise in Kooperation mit dem behandelnden Tierarzt, auch therapeutisch tätig. Zur Grundausstattung hingegen gehören Videastifte

Wer sich so reinhängt braucht festen Stand

Stollen geben Halt.

Der heikle Teil: Das Aufnageln

Wenn etwas nicht stimmt am Huf

Auch und gerade bei einer plötzlich auftreten-
den, oft deutlichen Lahmheit ist die Ursache
zuerst einmal im Huf zu suchen – mit einer
Hufzange. Beim Abdrücken der Sohle stellt
sich meist heraus, dass der Übeltäter dort
zu finden ist: Ein Abszess in der Hufkapsel,
aber Vorsicht – oft ist er so schmerzhaft, dass
das Pferd ruckartig das Bein hochzieht und
wer dann nicht auf der Hut ist, riskiert ein
blaues Auge. Tierarzt oder Schmied können
dem Pferd meist helfen durch Eröffnen des
Abszesses.

*Das wichtigste Werkzeug: Raspel, Hammer, Zange und
Nietzange zum Umbiegen und Andrücken der Nagelenden.
Das Hufmesser steckt in der Tasche des Lederschutzes.*

Einlagen zur Dämpfung auf hartem Pflaster, gegen Aufstollen bei Schnee, orthopädische Einlagen und „Eisen" aus Aluminium und Kunststoff – das Sortiment ist riesig.

Das riecht bei Weitem nicht so gut, wie es aussieht.

gegen Rutschen auf glattem Untergrund und Stollen in allen möglichen Ausführungen und Größen, die Halt geben beim Reiten, vor allem aber beim Fahren auf der Straße. Hier muss der Schmied den „Beruf" des Pferdes für die richtige Wahl der Mittel ebenso berücksichtigen wie Gewicht, Geschwindigkeit und Qualität des Hofhorns jedes einzelnen Pferdes. Die Unterschiede sind hier enorm – zum einen bedingt durch Zucht, aber auch durch Haltung.

Dabei ist jedem Schmied klar: Das Beschlagen ist ein Eingriff. Das natürliche Gefüge wird beeinträchtigt durch Nägel, die die Hornkapsel beschädigen und Eisen, die die Wirkung des Hufes als „Blutpumpe" beeinträchtigen. Ein unbeschlagener Huf dehnt sich mit jedem Auftreten und zieht sich wieder zusammen. Dabei wird Blut, das Hufbein und Hornwachstum nährt, durch die Gefäße gepumpt. Ist der Huf beschlagen, reduziert sich das Dehnen deutlich, weniger Blut gelangt an die neuralgischen Stellen. Doch in unseren Breiten müssen bei den meisten Pferden die Hufe vor hartem Boden und Abnutzung geschützt werden. Was in der Jobbeschreibung nie erwähnt wird: Eine Schmied ist auch ein bisschen wie ein Friseur und muss sich oft noch die Sorgen und Nöte der Besitzerin(-innen) anhören. Das sollte man bei der Berufswahl bedenken.

Klassische Schmiede, wie sie auch vor 100 Jahren ausgesehen haben könnte.

Hufschmied einst und heute

Er baute Rüstungen, Waffen und beschlug die Pferde. Doch damit nicht genug, einst war er auch „Arzt" für Pferd und Mensch, allerdings nicht immer erfolgreich. Bei Bedarf raspelte er noch die Zähne der Vierbeiner und auch vor der Behandlung von Menschen schreckte er nicht zurück. Lange vor Krankenversicherung und nicht betroffen vom hippokratischen Eid riss er auch gleich Zähne des Pferdehalters – wo er doch die passenden Zangen jederzeit zur Hand hatte – und brannte eitrige Furunkel aus. Was die Sache übrigens meist nur schlimmer machte, doch der Schmerz des Brennens überdeckte wohl den der Ausgangserkrankung, womit eine gewisse Verbesserung derselben verknüpft wurde – bis der arme Patient an einer Sepsis dahinschied, die sich in seinem Körper ausbreitete. Ausbrennen desinfiziert nämlich keineswegs, ganz im Gegenteil.

Heute geht es weitaus humaner zu – auch für die Pferde. Sie werden nicht mehr festgezurrt zu einem panischen, aber wehrlosen Paket, sondern reichen das Bein, bei halbwegs geglückter Erziehung, freiwillig – was das Zurichten und Ausschneiden weitaus gefahrloser macht. Zudem zieht immer seltener beißender Gestank verbrannten Horns durch die Stallgasse. Immer mehr Schmiede richten kalt die Rohlinge zu oder fertigen die Eisen nach Schablone zu Hause in der Werkstatt vor. Der Vorteil des Aufbrennens der Eisen ist, dass etwaige Unebenheiten des Horns weggebrannt werden und der Schmied besser sieht, wo er noch nacharbeiten muss, um die optimale Auflage zwischen Huf und Eisen zu erreichen. Zudem ist das Eisen in heißem Zustand leichter zu bearbeiten. Dem gegenüber steht der Aufwand, den kleinen Brennofen überall dabei haben zu müssen, und dass dem Huf beim Aufbrennen viel Feuchtigkeit entzogen wird, wodurch das Horn eher spröde und brüchig werden kann.

Mobiler Brennofen für unterwegs.

Die Rossnatur

... gehört heute leider ins Reich der Legende. Pferdebesitzer können ein Lied davon singen. Wer sagt, sein Pferd sei niemals krank, hat entweder unglaubliches Glück oder so wenig Ahnung, dass er es nicht merkt. Ein Pferd hat ein sehr empfindliches Verdauungssystem und einen derart ausgeklügelten Bewegungsapparat, dass kleinste Bedienerfehler sich bitter rächen können. Von der Lunge ganz zu schweigen, sie ist ein Hochleistungsorgan und anfällig für beinahe alles, was eingeatmet werden kann, von Pilzsporen im Heustaub – und ein paar sind da immer – oder Stallmief. Und erst die Hufe – fürchterlich. Leiseste Vergiftungen – und diese können auch nur durch zu viel Gras (!) geschehen, weichen in letzter Folge das Hufhorn auf, es kommt zur sogenannten Hufrehe – eine sehr ernste und überaus schmerzhafte Erkrankung. Reich mit Pferden wird eigentlich nur der eine oder andere Tierarzt. Es gibt drei kleine Empfehlungen: Alles über Pferde lesen und lernen, was man in die Finger bekommt – ein Leben reicht da nicht, aber man kann es zumindest versuchen –, einen wirklich guten Pensionsstall finden und das Beste hoffen.

Der Spiegel der Seele

Wer einem Pferd ins Auge blickt, kann viel erkennen. Gemeint ist nicht der Tierarzt, der sieht, ob Rötungen oder andere Verfärbungen auf eine Erkrankung hinweisen. Nein, dem Pferdekenner mit Einfühlungsvermögen wird nachgesagt, dass er darin die Geschichte des Tieres lesen kann. So wird zumindest behauptet – und falsch ist das nicht. Am auffälligsten ist der weiße Ring ums Auge. Wenn Pferde Angst haben, reißen sie die Augen auf, dann wird das Weiß ums Auge sichtbar. Bei manchen ist dies rassebedingt immer der Fall, bei anderen aber sehr häufig, weil das betreffende Pferd eigentlich ständig in Alarmbereitschaft ist. Es hatte wohl kein leichtes Leben und vertraut niemandem schnell. Meist sind es hoch im Blut stehende Tiere, die aufgrund schlechter Behandlung besonders leicht erregbar sind. Daher auch das Gerücht, dass Pferde mit einem fast permanent sichtbaren Weiß im Auge zumindest ein wenig „verrückt" sind.

Hufeisen bringen Glück

Das stimmt natürlich hundertprozentig – und falls nicht, schaden tut so ein Hufeisen über der Tür auch nicht. Aber die Öffnung muss nach oben zeigen, sonst fällt das Glück heraus. Woher der Aberglaube stammt, lässt sich nur vermuten. Eine Theorie besagt, dass der, dessen Pferd das Eisen verloren hatte, vom Glück verlassen wurde, denn er konnte seine Reise vermutlich erst einmal nicht fortsetzen. Wenn er es aber wiederfindet, oder ein anderer, dann hat er das Glück gefunden.

Dem geschenkten Gaul ...

... schaut man nicht ins Maul. Das Sprichwort kommt daher, dass sich an den Zähnen das Alter des Pferdes bis auf zwei bis drei Jahre genau erkennen lässt, und wenn einer einen Gaul geschenkt bekommen hat, dann soll er nicht mäkeln, wenn es nicht mehr der jüngste ist. Die Zähne der Pferde wachsen übrigens nicht ihr Leben lang, sie sind ja keine Nagetiere. Die Zähne liegen in den Zahnfächern und werden zwar nachgeschoben, doch ihre Substanz ist endlich. Mit zunehmendem Alter schieben sich die vorderen Schneidezähne immer weiter nach vorne, weshalb es den Anschein erweckt, als würden sie weiter wachsen, doch es ändert sich nur der Winkel, je steiler, desto jünger das Pferd.

Ein ruhiges Pferdeauge, es zeigt keinerlei Aufregung. Gut zu sehen ist hier, wie sich die Pupille des Fluchttieres Pferd zu einem horizontalen Schlitz verengt bei Sonne, im Gegensatz zur Katze beispielsweise.

Links ist das andere rechts

„Kannst du mal gucken, ob meine Bügel gleich lang sind?" „Rechts ist er länger." Die Reiterin verschnallt und es wird immer schiefer. Am Pferd ist die rechte Seite immer in Fahrtrichtung rechts. Das gilt auch für Ausrüstung wie Sattel und Geschirr. Wir tragen einen Ring auch am linken oder dem rechten Ringfinger, unabhängig von der Perspektive. Wir steigen übrigens immer links aufs Pferd, anders als z. B. die Isländer, weil die meisten Rechtshänder sind. Darum hatten schon die ersten berittenen Truppen den Säbel links hängen, der beim Aufsteigen nicht sperrig in den Weg geraten sollte.

Das ist doch kein Beinbruch

Brechen wir uns ein Bein, ist es schmerzhaft und zumindest sehr ärgerlich, aber es heilt ja wieder. Das würde es auch bei einem Pferd tun, doch leider steht es mit einer halben Tonne Gewicht darauf und kann es nicht mal für ein paar Tage hochlegen. Auch kann es nicht für Tage oder gar Wochen auf drei Beinen laufen wie ein Hund. Es würde sich das Bein daneben so dauerhaft ruinieren, dass meist nur eines bleibt: das Pferd zu erlösen. Nur bei kleinen Fissuren besteht die Chance einer dauerhaften Heilung. Alles darüber hinaus ist bei einem Pferd eben doch ein Beinbruch.

Schwerathleten mit Feingefühl

W er meint, das traditionelle „Holzrücken" mit Pferden sei längst passé, ist sprichwört-lich auf dem Holzweg. Gerade in sensiblen Waldbereichen und auf schwierigem Ge-lände sind Rückepferde der modernen Technik oft überlegen. Einfach ist das neue, alte Metier aber nicht, denn neben dem handwerklichen Geschick hat man einen Kollegen, der außer ein paar Brocken kein Wort versteht, mindestens 800 Kilogramm auf die Waage bringt und unvorhersehbar reagiert, wenn eines fehlt: ganz viel Vertrauen!

Holz knirscht, Ketten klirren, Hufgestampfe. Der Kaltblütler legt sich mächtig ins Geschirr. Hinter ihm, an einer Eisenkette, schleift der gefällte Baumstamm durch das Unterholz zur Rückegasse. „Brrrrr … gut gemacht, Bax!" Harald Schardelmann klopft dem in der kalten Winterluft dampfenden Pferd anerkennend auf das muskulöse Hinterteil. Geduldig wartet Bax, bis sein Herr die schwere Last aus dem Schlepp gelöst hat. Dann zieht das Gespann wieder in den tief verschneiten Wald. Noch vor hundert Jahren war das ein vertrautes Bild. Holzrücken gehörte zu den traditionellen Aufgaben der Bauern. Viele von ihnen besaßen ne-ben ihren Ackerflächen auch ein kleines Stückchen Wald, das bewirtschaftet werden musste. Im Winter, wenn auf dem Hof nur wenig Arbeit anfiel, spannten sie dafür den „Hafermotor" ein. Heute stehen moderne Landmaschinen in den einstigen Ställen der Arbeitspferde. Und durch die Wälder rumpeln gewaltige Holz-Vollernter mit GPS und Bordcomputer, die den Baum mit ihrem Greifarm packen, ihn in Sekundenschnelle fällen, entasten, in handliche Stücke zersägen und auf dem Sammelplatz ablegen. Da rücken 300 Pferdestärken unter der Motorhaube bis zu 30 Festmeter Holz pro Stunde!
Bax schüttelt seine lange, strohblonde Mähne und schnaubt durch die Nüstern. Nein, das schafft er nicht! Doch das Schleswiger Kaltblut hat andere Qualitäten. Gutmü-tig und arbeitswillig ist er. Und im Gegensatz zur tonnenschweren Konkurrenz, die sich mit brachialer Gewalt durch breite Schneisen frisst und den Waldboden platt walzt, be-wegt er sich mit der Schlepplast geschickt auf schmalen Pfaden, ohne Bäume oder Boden zu schädigen. Er verursacht weder Lärm noch Abgase. Alles, was Bax hinter-lässt, sind ein paar schwarzglänzende Pferdeäpfel – ein Festmahl für Käfer und Maden.

...leswiger Kaltblut „Bax" und FN-Fahrlehrer
...rald Schardelmann bei der Arbeit.

Ein kurzes Kommando mit ruhiger Stimme, eine Parade, wie man das Anziehen der Fahrleinen nennt, dann wieder locker lassen – Bax bleibt stehen. Aufmerksam bewegen sich seine Ohren hin und her. „Er ist jetzt voll auf mich konzentriert", erklärt Schardelmann. Und das ist wichtig. Lebenswichtig sogar. Denn während er den nächsten Baumstamm am Ortscheit befestigt, kniet er direkt hinter dem Tier am Boden. Andere Pferde werden leicht nervös, wenn es raschelt und sie nicht sehen können, was da passiert. Einmal kräftig auch nur mit einem Hinterbein ausgeschlagen ... und ruhig ist es im Hintergrund. Bax hat das noch nie getan. Bevor der Fuhrmann sich hinhockt, streicht er ihm mit der flachen Hand vom Rücken abwärts bis zu den Hufen. Jeden Handgriff begleitet er mit ruhigen Worten, eine fast schon melodiöse Hintergrundmusik. So weiß Bax auch ohne Blickkontakt genau, wo sich sein Herr gerade befindet und was er tut. „Auf geht's!" Das Pferd kennt jetzt den Weg. Der Fuhrmann muss kaum noch Richtungshilfen geben. Mit flotten Schritten, die Fahrleine in beiden Händen, stapft er hinter dem Wallach her.

Bax verdient sich schon seit vielen Jahren sein Futter als vierbeiniger Waldarbeiter. Auch als Schulungspferd ist er der engste Mitarbeiter von Harald Schardelmann. Der FN-Fahrlehrer betreibt in Sulingen, südlich von Bremen, einen eigenen Fahrstall. Hier bildet er Arbeitspferde und „ihre" Menschen aus. Der brave Bax stammt aus der eigenen Zucht. Und das Holzrücken liegt ihm im Blut. Schon Vater „Bube" wurde auf dem Hof als Rückepferd eingespannt. Von ihm lernte Bax auch, dass bei dieser von vielen ungewohnten Geräuschen begleiteten Arbeit nichts Schlimmes passiert. „Pferde sind sehr sensibel für Atmosphäre", erklärt der Trainer, „wenn ein erfahrenes, älteres Pferd die Ausbildung begleitet, überträgt sich die Ruhe auf den Anfänger, nach dem Motto: Es ist alles okay, was hier abläuft, mach dir keine Sorgen."

Die größte Hürde für das Tier sei es, sich hundertprozentig auf den Menschen einzulassen. Menschen, so Schardelmann, gehören für das Pferd nicht in den Bereich der Herde. Anders als Hunde können sie den Zweibeiner nur schwer als „Vorgesetzten" akzeptieren. Als Ausbilder achte er vor allem darauf, dass ein Pferd das Vertrauen behält. „Man darf nie ungerecht sein", betont er, „wenn Bax etwas tut, was ich nicht möchte, versuche ich erst mal die Ursache dafür herauszufinden. Vielleicht kann er die Aufgabe nicht erfüllen, oder er ist überfordert. Erst, wenn ich den Eindruck habe, der macht jetzt Quatsch mit mir, gebe ich klarere Anweisung, zum Beispiel durch eine deutlichere Parade."

Es gibt in Deutschland nur wenige FN-Fahrlehrer, die sich auf das Holzrücken spezialisiert haben. Während andere traditionelle Einsatzbereiche für das Pferd, wie das Eggen oder Pflügen, heute eher nostalgischen Charakter haben, macht diese Arbeit durchaus Sinn. „Es ist immer noch die beste Art, Holz auf schonende Weise aus dem Bestand zu holen", ist der Ausbilder überzeugt. Er unterrichtet im Sinne von Benno von Achenbach, dem Altmeister

ich reinhängen, ins Zeug legen –
edewendungen, die sich bei diesem
nblick erklären. Hellwach und voll
abei – Dynamik pur.

der Deutschen Fahrlehre. Schonend, zweckmäßig und sicher solle die Arbeit mit Pferden sein. Aber ein bisschen Höflichkeit könne auch nicht schaden. „Ruhig mal ‚bitte' sagen, wenn das Pferd den Huf heben soll. Das Pferd hat verdient, dass man nett zu ihm ist, das sollte auch im Tonfall rüberkommen."

Bevor es für Bax an die Arbeit geht, sorgt Schardelmann schon im Stall für gute Stimmung. Erst mal ein Leckerli, eine kräftige Striegelmassage, um die Durchblutung auf Trab zu bringen, ein paar aufmunternde Worte. Die Ausrüstung, ob Brustblatt- oder Kummetgeschirr, dürfe auf keinen Fall Unbehagen auslösen – „das ist oft ein Grund, ungehorsam zu erscheinen". Interessant ist: Das Pferd zieht die Last nicht, es stemmt sich mit dem ganzen Gewicht ins Geschirr und drückt sie praktisch mit den Schultern oder der Brust nach vorn. Je mehr Körpergewicht, desto größer die Leistung. Kaltblutrassen sind deshalb ideal für das schwere Holzrücken geeignet. Bax zum Beispiel bringt satte 750 Kilogramm auf die Waage. Damit kann er locker 200 Kilogramm Gewicht beziehungsweise einen Stamm von 6 Metern Länge und 25 Zentimetern Durchmesser im Lastzug schleppen.

Gut trainiert und angeleitet leisten die gutmütigen Kraftpakete Erstaunliches. Im „echten Berufsleben" arbeiten sie durchaus acht Stunden im Dauereinsatz, ohne überfordert zu sein. Je nachdem, ob der Boden eben oder uneben ist, gefroren oder matschig, ob die Stämme glatt wie bei der Buche oder borkig und sperrig sind, holen sie am Tag zwischen fünfundzwanzig und dreißig Festmeter Holz aus dem Wald. Die Stämme werden an einer Rückekette befestigt und im sogenannten Ortscheit eingehängt. Das ist ein Bügel aus Holz oder Metall, der die Zugleinen hinter dem Pferd auseinander hält. Für das Führen der Zugtiere gibt es von Region zu Region unterschiedliche Techniken. Im Rheinland und in Westfalen zum Beispiel geht der Fuhrmann vor oder neben dem Pferd her. Schardelmann lenkt Bax in der Regel mit einer Einspännerleine von hinten. Früher wurde mit Pferden auch „gepoltert", wie man das Stapeln der Stämme am Sammelplatz nennt. Auf moderne Art empfiehlt sich die Kombination mit Maschinen: Das Ross zieht das Holz aus dem Bestand bis zur Rückegasse, dann übernimmt ein Rückeschlepper, der Forwarder, das Endrücken und Poltern.

Zugegeben, der Anteil an Rückepferden in der Forstwirtschaft macht nur einen geringen Prozentsatz aus. Doch angesichts des steigenden Kostendrucks auf die Betriebe und des Rufes nach einer nachhaltigen, naturgemäßen Waldbewirtschaftung sind sie wieder häufiger gefragt. Die Interessengemeinschaft Zugpferde e. V. engagiert sich außerdem für den verstärkten Einsatz von Arbeitspferden im ökologischen Landbau, Gemüseanbau und in Gärtnereien. Harald Schardelmann jedenfalls stellt ein zunehmendes Interesse fest. Auch bei Privatleuten, die sich ihr Brennholz mit dem Pferd direkt aus dem Wald beschaffen wollen. Und das Erstaunliche: Mehr als die Hälfte seiner Kursteilnehmer sind Frauen! Was sie für diese Arbeit mitbringen müssen, sind Ausdauer, Konzentration, Geschicklichkeit – und vor allen Dingen: Feingefühl! „Deshalb haben Frauen auch oft das bessere Händchen für Pferde!"

Für heute hat Bax seinen Dienst getan. Zielstrebig trottet er Richtung Stall. Schardelmann nimmt ihm das Zuggeschirr ab und reibt ihn trocken. Dann drückt er seinen Kopf an den mächtigen Pferdeschädel, der sich vertrauensvoll auf seine Schulter legt. „Ich kenne keine Tätigkeit, bei der es ein engeres Verhältnis zum Pferd gibt, als beim Rücken von Holz", schwärmt der 55-Jährige. „Hier wird das Tier zum echten Partner, zum Arbeitskollegen." – Bax antwortet mit einem tiefen Schnauben.

Karin Peters

Wilde Pferde mitten in Deutschland

Dülmener im Bruch

Der sandige Boden bebt unter den Hufen der über 300 hereingaloppierenden Wildpferde. Umhüllt von einer großen Staubwolke donnert die Herde geschlossen in die hufeisenförmige und stets ausgebuchte Arena im Merfelder Bruch. Für die Zuschauer - immerhin fast 20 000 kommen dafür jedes Jahr ins westliche Münsterland - ein imposantes Bild.

Autsch – das tut weh. So ein einjähriger Dülmener ist nun wahrlich kein Riese, doch er ist wieselflink, und seine kleinen, betonharten Hufe schlagen wie ein kleiner Vorschlaghammer auf den Oberschenkel des jungen Mannes. Kleine Fläche, hohe Geschwindigkeit = starke Wirkung. Ein gezogenes „Uuuuuhhh" geht durch das Publikum, es leidet mit.
Beim traditionellen Wildpferdefang, der alljährlich am letzten Samstag im Mai stattfindet, werden die einjährigen Hengste aus der Herde heraus gefangen. Die erfahrenen Stuten kennen das alljährliche Prozedere schon und streben, kaum in der Arena, bereits dem großen Paddock im hinteren Teil zu. Sie geben sich eher unbeeindruckt angesichts des weiteren Spektakels.

Ausschließlich Merfelder Junggesellen haben die Ehre, sich an dem Wildpferdefang zu beteiligen und ihr Geschick unter Beweis zu stellen. Denn die jungen Wilden werden ohne Hilfsmittel, das heißt mit bloßen Händen, aus der frei laufenden Herde gefangen.
Einst nutzten die Junggesellen den Pferdefang als Gelegenheit, sich den unverheirateten Frauen der Umgebung zu präsentieren und ihnen mit waghalsigen Aktionen zu imponieren. Ersteres ist vielleicht noch immer das Ziel, doch die Damen, und nicht nur sie, haben heute andere Kriterien als martialische Wildwest-Methoden. Von Publikum und Arenasprecher werden seit einigen Jahren eher Einfühlungsvermögen und pferdeschonende Methoden goutiert. So ein kleiner Hengst ergibt sich natürlich nicht freiwillig, doch statt sich zu mehreren wild auf ihn zu stürzen und ihn mit schierer Kraft zu Boden zu werfen, wird heute mit nicht mehr Druck als unbedingt nötig gearbeitet, um einen kleinen Kerl aus der Herde zu bugsieren. Wenn alle Pferde gesund den Tag hinter sich gebracht haben und nur die wilden zweibeinigen Kerls reichlich blaue Flecken zum Herzeigen davongetragen haben, ist alles gut gelaufen. Für den Rest des Jahres kehrt nach diesem aufregenden Tag wieder Ruhe ein.
Die Stuten verlassen so gut wie nie die Wildbahn und sterben eines Tages dort, wo sie auch geboren wurden. Nach dem Jährlingsfang werden die Deckhengste in die Herde entlassen,

Ein Pferdefänger in der traditionellen Kluft. Der kleine, bereits gefangene Hengst verschwindet fast inmitten der vielen Leiber.

Stuten und ihre jungen Fohlen. Auch die Hengste unter ihnen haben noch das Jahr in Freiheit vor sich.

*Auch, wenn es wild aussieht, es ist schonender,
als die Junghengste mit Lassos einzufangen.*

um für den Fortbestand dieser alten Rasse zu sorgen. Dabei sind ihre Freuden nicht ganz ungetrübt, denn die Stuten kennen auch das schon. „Aha", scheinen sie zu wissen „dieses Halbjahr ist der also dran." Und anders als in einer von Menschenhand unbeeinflussten Wildpferdeherde ist der Hengst nicht uneingeschränkter Herrscher über seinen Harem. Da die Deckperiode nur von Ende Mai bis September währt – so ist gewährleistet, dass die Fohlen nicht zu spät im Jahr fallen – gelingt es dem Beschäler selten und meist nie ganz, die Herde seinem Willen zu unterwerfen. Die Leitstuten verteidigen mit Drohgebärden und wenn es sein muss, auch mit Hufen und Zähnen ihre angestammten Rechte. Inzwischen weiß man auch aus Untersuchungen von völlig frei lebenden Herden: Den Althengst vertrieben zu haben ist noch keine Garantie, dass dem Sieger die Stuten gehören. Das muss er sich erst verdienen und um die Damen werben.

Die Dülmener Stuten unterwerfen sich nur in der Zeit der Rosse dem Deckhengst. Die große Herde gliedert sich in einzelne Sippen; dies sind Familienverbände einer Stamm-Stute, deren Töchter und aller Fohlen. Unter den Sippen besteht eine strenge Hierarchie, und die Leitstute der Herde entstammt in den meisten Fällen auch der ranghöchsten Familie. Die Leitstute ist es, die den Tagesablauf der gesamten Herde bestimmt; sie wählt die Weide- und Ruheplätze und es ist ihr Privileg, als erste die Tränke aufzusuchen.

Die älteren Stuten weisen den Jüngeren den Weg in den hinteren Teil der Arena. Sie kennen das schon und wissen, wo es nachher wieder rausgeht.

Die gefangenen Jährlinge kommen zur Versteigerung, denn die robusten und gutmütigen Wildbahner können mit dem entsprechenden Einfühlungsvermögen ideale Freizeitpferde werden. Außerhalb des Geländes lebende Pferde werden übrigens nicht als Dülmener Wildpferd, sondern als Dülmener bezeichnet. Die hübschen Pferde mit ihren ausdrucksvollen Köpfen verfügen über harmonischen Körperbau, gute Bewegungen und sind sehr intelligent. Wer ihnen möglichst artgerechte Haltungsbedingungen bietet und sie sich zum Freund macht, hat einen Freizeitkameraden für lange Zeit – ausgeglichen und lernfreudig, robust, ausdauernd und langlebig.

Die mausgrauen bis falbfarbenen Pferde werden auch zum Voltigieren und zum therapeutischen Reiten mit großem Erfolg eingesetzt. Darüber hinaus gehen diese kleinen Pferde auch mühelos über größere Distanzen und werden im Fahrsport eingesetzt. Wie die meisten Robust- und Primitivpferderassen sind auch sie spätreif, das heißt, dass es nicht vor dem 3. Lebensjahr eingefahren und nicht vor dem 4. Lebensjahr in Beritt genommen werden soll. Wer möchte, kann die Dülmener im Merfelder Bruch besuchen, aber auch wilde Rösser brauchen Ruhe. Daher ist die Wildpferdebahn nur vom 1. März bis 1. November an Wochenenden und Feiertagen (in NRW!) von 10.00 bis 18.00 geöffnet. Besonders schön ist es im April und Mai, wenn gerade die Fohlen geboren sind.
Sabine Heüveldop

Hirten zu Pferd

Viel Land, viele Weidetiere – lange Strecken. Zumindest dort, wo Rind und Schafe halbwild gehalten werden wie in den USA, Kanada, Australien oder Südamerika, kommen Pferde als Reittiere zum Einsatz. Auf großen Ranches, Farmen oder Stations, wie sie in Australien heißen, hat zwar auch die Technisierung Einzug gehalten und die Pferde wurden ersetzt durch geländegängige Motorräder, Quads und sogar Hubschrauber – doch nicht ganz und nicht überall. Und schon gar nicht dort, wo das Leben von Hirten und Nomaden noch heute so funktioniert wie vor 1000 Jahren wie in der Mongolei.

In Nordamerika sind es die Cowboys, in Südamerika die Gauchos, in Australien die Stockmen, die sich um den „Stock", den Bestand an Nutztieren, kümmern. Doch man muss gar nicht so weit reisen. In Südfrankreich sind es die Gardians, die auf den Schimmeln der Camargue die Rinder hüten, in Ungarn die Csikós, in Spanien die Vaqueros – und dies ist nur eine kleine Auswahl. Jedes Land hat seine eigenen Arbeitsweisen und seine eigene Reitkultur entwickelt. Manche davon finden auch ganz woanders Anhänger, wie das Westernreiten oder, in viel kleinerem Umfang, die Doma Vaquera. Jede für sich hat eine ganz eigene Ausrüstung, Reitweise – und natürlich ihre eigenen Pferde.

Die bekannteste Rasse ist sicher das amerikanische Quarter Horse, gleichzeitig auch die zahlenmäßig größte der Erde. Ihren Namen haben die Tiere von ihrer Antrittsschnelligkeit, kein Pferd ist schneller auf der Viertelmeile (= quarter). Zudem ist dieses Pferd mit dem berühmten Cowsense ausgestattet. Beim Abtrennen eines Rindes aus der Herde arbeitet ein guter Quarter sehr eigenständig und scheint die Fluchtrichtung des Rindes immer schon vorauszuahnen, so blitzschnell reagiert er darauf. Die Liebhaber der Rasse schwören darauf. Die Australier machen sich hinter vorgehaltener Hand gelegentlich ein wenig lustig darüber. Sie sitzen zumeist auf Vollblütern oder Abkömmlingen ihrer frei lebenden Brumbies, und einige sind der Ansicht, dass ein schlaues Pferd relativ schnell kapiert, worum es geht – oder eben nicht. In Südamerika sind es die stämmigeren Criollos, und die Csikós reiten edle, ungarische Halbblüter. Sie hüten übrigens keine Rinder, sondern Pferde, die Rinderhirten sind die Gulyás. Sollte jemals die Million in einer Quizshow zu gewinnen sein mit der Frage nach der Herkunft des Wortes „Gulasch", sind Sie jetzt gewappnet.

Für die weiten Strecken hatten Großgrundbesitzer eigene, besonders bequem zu sitzende Pferde, die „Gangpferde". Sie verfügen über ein oder zwei Gangarten mehr als andere Rassen, den Tölt und den Pass. Hier ein Paso Iberoamericano, ein töltender Landschlag.

Westernreiten, hier auf em Paint Horse.

Der spanische Vaquero warf mit dem Speer das Rind zu Boden, wo es von Helfern festgehalten wurde, um ihm beispielsweise das Brandzeichen zu verpassen. Inzwischen ist die Doma Vaquera eine eigene Kunstform zu Pferde.

Reiten in perfekter Balance: ungarische Csikós. Sie hüten die Pferde der Puszta, z. B. die Nonius-Herden. Besondere Spezialität: die ungarische Post. Kaum zu glauben: Traditionell hat der Sattel keinen Gurt.

BU

Ein Gardian auf einem Camargue Pferd beim Treiben der dort heimischen schwarzen Stiere – die auch Kühe sein können.

„Don't call me a Cowboy." Die australischen Stockmen und -women schätzen es nicht, als Cowboys bezeichnet zu werden. Sattel, Zaumzeug und Reitstil unterscheiden sich durchaus vom Westernreiten.

...e Arbeit hinter dem Reitstil „Westernreiten" ist ein Knochenjob.

*...egentlich versuchen sich auch Touristen
...m Rindertreiben, hier in Argentinien.*

*Diese Rinder wurden in den Anden in
Ecuador zusammengetrieben und sind
soeben auf der Hazienda angekommen.*

Eine Tonne Seepferdchen

Mit dem Karren im Schlepptau geht es vom heimischen Stall zum Strand und wieder zurück.

Gemächlich schreitet der Belgier einen Kilometer nach dem anderen ab. Auf seinem Rücken sitzt ein Reiter in einem dafür ungewöhnlichen Aufzug: Er trägt gelbes Ölzeug und Südwester. Besieht man sich die Umgebung der beiden, verwundert es nicht mehr ganz so, denn sie ziehen ihre Bahnen in der Nordsee. Was sie da tun, entzieht sich den Blicken, denn die eigentliche Aktivität findet unter Wasser statt.

Warum sollte ein Pferd nicht statt eines Pfluges oder der Sämaschine auf dem Feld auch mal ein Netz durch die Fluten ziehen – dachte man sich zumindest an der Küste Flanderns und begründete damit eine Tradition, die heute zum von der UNESCO anerkannten immateriellen Kulturerbe zählt. Paardevissers heißen sie, Pferdefischer, und sind in der Region um Oostduinkerke eine touristische Sensation. Je nach Tide ziehen sie mit einem kleinen Karren hinter dem schweren Kaltblüter Richtung Strand, hängen die Karren ab, mit dem später die Krabben nach Hause transportiert werden, und das Netz ans Pferd. Los geht's ins Wasser. Oostduinkerke gehört zu den beliebtesten Urlaubsregionen in Flandern mit seinen weißen Sandstränden und der Dünenlandschaft. Zusätzlich zu den natürlichen Gegebenheiten pflegt man die alte Kultur, um den Besuchern etwas zu bieten. So ist es der einzig noch verbliebene Ort in Europa, wo das Fischen zu Pferd bestaunt werden kann.

Die Krabbenfischer von Oostduinkerke: In die Körbe werden an Land die Netze entleert.

Am letzten Juniwochenende ist alljährlich das Krabbenfest in Oostduinkerke. Es ist eine Huldigung an das Meer, bei dem die Paardevissers, ihre Pferde und natürlich Krabben im Mittelpunkt stehen.

Das Pferd trägt ein Geschirr für das Netz und Holzsattel für den Reiter. Leder wäre durch das Salzwasser schnell kaputt.

Im Dienst gegen den Durst

Hundertausende säumen den Weg zur „Wies'n", der Theresienwiese mitten in München. Sie verfolgen den traditionellen Einzug der Wies'n-Wirte, der den Start des alljährlichen Oktoberfestes einläutet. Die größte Aufmerksamkeit erfahren dabei wohl weder politische noch sonstige Würdenträger. Sie gehört den Pferden, die prunkvoll angeschirrt die jeweiligen Münchner Brauereien repräsentieren.

Beinahe ehrfurchtsvoll betrachtet eine, an ihre Handtasche geklammerte, ältere Dame den riesigen Braunschimmel. „Wenn der dir auf die Zähan steigt, de san ab." Dann wandert ihre Aufmerksamkeit zu einem anderen, vermeintlich gefährlichen Ende des Tieres. Sie deutet auf den Maulkorb. „Beißt der?", fragt sie einen der in Tracht gewandeten Helfer. Nein, der beißt natürlich nicht, doch wenn, könnte es böse ausgehen und die Versicherungen sehen es gern. Es ist auch ein Schutz für die Pferde – dagegen, dass ihnen für Pferdemägen nicht Geeignetes gereicht werden könnte. Man sieht ihr an, dass sie den Giganten gern anfassen würde, doch sie traut sich nicht recht. Er scheint ihre Pein zu spüren und senkt seinen riesigen Schädel zu ihr herab, sie streicht ihm scheu über den Nasenrücken. „Oh mei, ist der schee", entfährt es ihr und sie strahlt wie ein junges Mädchen.

Die anderen gibt es natürlich auch, die, bereits mit entsprechendem Alkoholpegel, an den Pferden vorbeiwanken und meinen, es wäre witzig, einem auf die Kruppe zu hauen – wenn der Arm so weit hinauf reicht – und „Hüa" dabei zu brüllen. Die Begleiter des Gespanns sind auch dazu da, dies zu verhindern, was oft gelingt, aber nicht immer. Auch das muss ein Kaltblüter auf der Wies'n stoisch ertragen.

Dafür braucht es Training und ausgeglichene Pferde. Dafür sorgt unter anderem Luggi Käser. Ihm gehören die Brabanter des Prunkgespannes der Brauerei Staatliches Hofbräuhaus. Er züchtet sie selber und bereitet sie jahrelang auf ihren Einsatz auf dem Oktoberfest vor. Klassisch werden die Tiere erst an der Hand ausgebildet und geführt, dann an der Longe von hinten gelenkt. Klappt das gut, werden erst leichte Lasten angehängt. Das erste Mal im

Zweispänner geht der Frischling grundsätzlich neben einem erfahrenen, alten Hasen. Das vermittelt ihm gleich, dass nichts Schlimmes passiert. So steigern sich die Anforderungen mit der Zeit von ersten Ausfahrten im bekannten Terrain über Straßeneinsätze bis zur Königsklasse, dem Wies'n-Umzug.

In der Nacht vor dem großen Tag sind die Wies'n-Pferde in den Stallungen des ortsansässigen Circus Krone untergebracht. Vier Männer putzen, waschen und wienern ab vier Uhr morgens. Dann geht es ans Anschirren. Schwerstarbeit. 82 Kilogramm wiegt das Geschirr – pro Pferd. Für die frisch gestylten Ein-Tonner ein Witz, für die Menschen eine ordentliche Schlepperei. Doch jeder Handgriff sitzt und jeder weiß, was wohin gehört. Um 7.30 Uhr ist Abmarsch Richtung Wiener Platz. Dort, am Hofbräu-Keller, steigt Wirtsfamilie Steinberg zu, zum traditionellen Einzug der Wies'n-Wirte.

Bis heute ist es Ehrensache der Brauereien – und sicher auch gute PR –, die Wagen mit den großen Fässern, die, wie einige glaubhaft versichern, tatsächlich noch mit Bier gefüllt sind, von ihren Prunkgespannen ziehen zu lassen. Noch keine hat es gewagt, an dieser Tradition zu rütteln. Während des gesamten Oktoberfestes sind die Gespanne präsent und ernten viel Bewunderung. Es ist eben doch etwas ganz anderes, so einem Brabanter oder einem der anderen Kaltblüter mal Aug' in Aug' gegenüberzustehen – wenn er sich dazu herablässt.

Schweizer Tradition

In der Schweiz hält die Brauerei Feldschlösschen die Tradition der Brauereipferde hoch. Es vergeht kaum ein Tag, an dem die Pferde nicht auch wirklich noch Bier ausliefern an die Gaststätten der Umgebung in Rheinfelden: Im Zweispänner bringen sie den Gerstensaft auf eigenen Hufen.
Acht Belgische Kaltblüter residieren im Stall der Brauerei und werden von den Fuhrmännern umsorgt, gepflegt und bewegt. Die Freizeit genießen sie dann auf den Weiden des Schlossareals in direkter Nachbarschaft zur Brauerei.
Der imposante Sechsspänner von Feldschlösschen ist der einzige Bierfuhrwagen der Schweiz, der von sechs stämmigen Brauereipferden gezogen wird. An Umzügen, Messen, Jubiläen und weiteren Festanlässen repräsentiert das Gespann die Brauerei Feldschlösschen.
Die Gründer der Brauerei, Theophil Roniger und Mathias Wüthrich, waren große Pferdekenner und -freunde. Bis nach dem Ersten Weltkrieg hatten sie vor allem Hannoveraner und Holsteiner, damals noch schwere Warmblüter, im Geschirr, vorzugsweise Rappen. Sie wurden abgelöst von den kaltblütigen Belgiern, denn die Bierproduktion war stark gestiegen und die Ladungen wurden schwerer.

Arbeitsschutz für Pferde

In alten, landwirtschaftlichen Büchern ist es noch nachzulesen:

Leichte Arbeit: 1 bis 3 Stunden
Mittlere Arbeit: 3 bis 5 Stunden
Schwere Arbeit: über 8 Stunden

Danach ermittelte der Futtermeister, ein einstmals höchst angesehener Beruf, die Rationen, die täglich dem Arbeitspensum und Bedarf jedes einzelnen Pferdes angepasst verfüttert wurden. Vorwiegend bestanden sie aus Hafer, aber auch aus gekochten und gestampften Kartoffeln oder Futterrüben, dazu reichlich Heu.

Der Arbeitstag eines Brauereipferdes betrug 14 Stunden, unterbrochen nur von den Futterpausen. Die Brauerei Feldschlösschen hat noch genaue Aufzeichnungen. Nach ihnen erhielt jedes Tier täglich 12 bis 15 Liter Hafer, mindestens 6 Kilogramm Heu bester Qualität und reichlich frisches Wasser. Das musste noch in Eimern hergeschleppt und vorgehalten werden. Viele wissen heute nicht mehr, warum in fast jedem Dorf oder altem Stadtteil ein Brunnen den Mittelpunkt des Ortes bildet: Früher stand er dort nicht zur Zierde, sondern um die Fuhrwerke zu tränken.

In der Umgebung der Brauerei wird heute noch das Bier mit dem Zweispänner geliefert.

Der Sechsspänner der im Hintergrund gelegenen Feldschlösschen Brauerei.

Profession aus Leidenschaft

Die Brauereibesitzer wählten nicht nur die Pferde sorgfältig aus, sondern auch die Fuhrleute. Ihnen war klar, dass die Ursachen für etwaige Unarten im Verhalten der Pferde im Umgang und im Geschirr nicht bei ihnen, sondern beim Menschen zu suchen sind. So verwundert es nicht, dass der Sohn einer der Gründer, Hans Wüthrich-Brönich, von 1900 bis 1950 verantwortlich war für den gesamten „Fuhrpark", der erst 1912 um den ersten LKW erweitert wurde.

Nach dem aktiven Dienst eines Brauereipferdes, der nicht selten an die 20 Jahre dauert, gehen die Pferde der Feldschlösschen Brauerei heutzutage in die wohlverdiente Pension. Sie verbringen ihren Lebensabend bei der Stiftung für das Pferd auf den Weiden des Schweizer Juras.

Feierabend auf den Weiden gleich neben der Brauerei.

Während andernorts Kinder auf den Weihnachts-LKW einer koffeinhaltigen Limonade warten, können sich die Schweizer über die Weihnachtstour der Brauereirösser freuen.

Brauchtum und Stolz

S t. Leonhard und St. Georg sind die beiden Schutzheiligen des Viehs. Vor allem der Segen für die Pferde aber wird von ihnen erbeten, und natürlich will man da nicht im Alltagsg'wand vor die Vermittler hintreten. Schließlich hängt von ihrer Fürsprache eine Menge ab.

Gleich zwei Heilige werden alljährlich vor allem in Bayern und Österreich mit Prozessionen geehrt, bei denen Pferde im Mittelpunkt stehen. Im Frühling finden die Georgiritte und -fahrten statt, zumeist im Oktober und November die Leonhardifahrten.

Doch es geht noch um etwas anderes, nämlich Danke zu sagen am Ende der Erntezeit. Eine der vielen Bauernregeln, die den St. Leonhard berücksichtigen, ist die folgende: Nach der vielen Arbeit Schwere, an Leonhardi die Rösser ehre.

Einer der bekanntesten Umzüge zu St. Leonhard ist der in den Ammergauer Alpen, genauer in Unterammergau. Am letzten Oktoberwochenende brechen Pferd, Reiter und Gespanne festlich geschmückt zur Prozession auf – nicht zu vergessen die vier Blaskapellen. Losgegangen ist es schon viel früher mit wochenlanger Planung und Vorbereitung, von farblicher Abstimmung des Schmucks bis hin zu der Entgegenahme der Anmeldungen, Bestimmung der Reihenfolge, wienern von Kutschen und Geschirren, flechten von Blumenschmuck und Girlanden und vielem anderen mehr. Am Tag selber werden schon in aller Herrgottsfrühe die Pferde gewaschen, ihre Mähnen geflochten und verziert. Das geht nur am gleichen Tag. Erfahrungsgemäß haben gerade frisch gewaschene Pferde den unstillbaren Drang, sich im Dreck zu wälzen oder kunstvoll geflochtene Mähnen an allem zu scheuern, was sie finden können. Es ist wohl ein bisschen so wie bei Kindern im Sonntagsgewand.

Eine Weile sah es so aus, als würden die jahrhundertealten Umzüge, gleichzeitig Prozession und Brauchtumspflege, verschwinden. Die Rösser wichen den Traktoren, und nur wenige Landwirte hielten den Pferden die Treue. Verspottet wurden jene, die so lang es irgend ging, an den Tieren festhielten. Die Fortschrittsgläubigen hatten ihre Pferde abgeschafft – und weil sie niemand mehr haben wollte, gingen die meisten zum Schlachter – gleich wagonweise. Bei den Pferdesegnungen geht es um die wichtige Rolle, die die Tiere für die Landwirtschaft zumindest hatten, und nun gab es fast keine mehr. Aber ein bäuerlicher Festumzug zu Ehren des Schutzheiligen der Pferde mit Maschinen? Ein Unding. Fast über Nacht wurde aus den

verspotteten, starrsinnigen „Rosserern" eine bedrohte Spezies, die es zu erhalten galt. Sie stiegen in der Achtung, auch aus einem weiteren Grund, denn: Mit einem PS-starken Bulldog kann jeder umgehen, der einen Führerschein und etwas Erfahrung hat, aber mit Pferden? Nein, das kann nicht jeder, ganz im Gegenteil. Pferde zu halten und mit ihnen zu arbeiten, war ein Stück bäuerliche Identität und Teil bäuerlichen Stolzes – und ist es wieder.

Die Tradition des Ringreitens

Langsam lässt der uniformierte Reiter sein Pferd antraben. Der Blick ist auf einen winzigen Ring fixiert, der an einem Seil zwischen zwei Balken leicht im Sommerwind schwankt. Der Trab steigert sich zum Galopp, der Reiter bringt seine Lanze in Balance, nur noch wenige Meter – und tatsächlich, der Stoß trifft. Triumphierend reißt der Glückspilz die Lanze hoch, die Zuschauer applaudieren, die Kapelle spielt einen Tusch. Der Verein hat seinen neuen König.

Eine solche Szene wiederholt sich jedes Jahr vielfach in Schleswig-Holstein, denn das nördlichste Bundesland ist die Hochburg des Traditionssports Ringreiten. Mehrere Dutzend Vereine sind zwischen Nordsee und Elbe aktiv – mit kurzen Ringstechern oder aber mit langen Lanzen versuchten die Reiterinnen und Reiter, bei den Turnieren eine ruhige Hand und ein gutes Auge zu beweisen.

Allein auf der Insel Sylt geben acht Vereine – fünf Männerclubs und drei Amazonenriegen – die Sporen, wobei der älteste bereits aus dem Jahre 1861 datiert. Die Ursprünge reichen freilich noch eine ganze Epoche weiter zurück: Im Mittelalter war es üblich, zum Auftakt der Ritterturniere Kampfspiele für die älteren Knappen abzuhalten, die sich im Ringstechen übten.

Wenn auf Sylt im Sommer Galgen errichtet werden, so schlägt dort nicht etwa Verbrechern das letzte Stündlein. Das einzige, was an den sogenannten Galgen baumeln wird, ist ein winziger Messingring. Diesen gilt es, aus dem Galopp mit einer zwei Meter langen Lanze aufzuspießen. Kein leichtes Unterfangen, denn je größer die Würde, desto kleiner der Ring: Immerhin 24 Millimeter im Durchmesser misst der Prinzenring, nur noch 19 Millimeter der Kronprinzenring und lediglich 13 Millimeter der Königsring. Wem es gelingt, den jeweiligen Ring als erster zum dritten Mal aufzuspießen, hat den Titel errungen. Das kann manchmal binnen zehn Minuten der Fall sein, aber auch zwei Stunden dauern.

Um die Trefferquote zu erhöhen, ist der eine und andere Satteltrunk gestattet. Der wird in den Pausen traditionell in Form von heißem Teepunsch oder Bowle aus filigranen Tassen eingenommen. Doch bitte in Maßen – sonst fällt nicht der Ring, sondern der Reiter. So notierte im 19. Jahrhundert der Schriftführer eines Ringreitvereins launig: „Der Wein fließt

h Urlauber werfen gern
m Blick auf das Brauchtum
h zu Ross.

lopp ist Pflicht und nur wer sein
rd gut unter Kontrolle hat und
hendig galoppieren kann, hat die
ince, zu treffen.

In den Pausen kümmern sich die jugendlichen Pferdepasser um die Tiere.

Drei verschiedene Ringgrößen werden bei den Turnieren auf der Insel Sylt verwendet.

schon vorher in Strömen, doch die echten Ringreiter nehmen sich in Acht und vermeiden einen vorzeitigen Rausch, indem sie die Becher in einem unbemerkten Augenblicke elegant nach hinten entleeren."

Kein Wunder also, dass bei den Turnieren selten trübe Stimmung aufkommt. Doch es gab auch andere Zeiten. Etwa die Kriegsjahre, in denen das Naziregime die Ausübung dieser Tradition verbot. Und einige Jahre zuvor drohte die Inflation die Vereinskassen zu sprengen: 10 000 Reichsmark betrug Anno 1923 der Jahresbeitrag. Wahlweise durfte auch in Naturalien gezahlt werden. Das kostete pro Mann ein Pfund Butter, passive Mitglieder hatten drei Hühnereier zu entrichten.

Fruher wie heute benotigt jedes Ringreitturnier nicht nur Reiter oder Reiterinnen, sondern auch engagierte Helfer. Dazu zählen die Ringepasser, die gestochene Ringe wieder einsetzen. Unverzichtbar sind auch die Pferdepasser, die sich in den Pausen um die Tiere kümmern. Für die jugendlichen Ringe- und Pferdepasser ein lohnenswerter Job, können sie ihr Taschengeld doch dadurch nicht unerheblich aufbessern. Eine zentrale Rolle übernehmen die beiden Ringschreiber, die jeden gestochenen Ring vermerken.

Die Philosophie des Ringreitens hat im Laufe der Jahrzehnte an Aktualität nichts eingebüßt: „Zu unserer Tradition gehört vor allem die Kameradschaft untereinander und die Verbundenheit mit dem besten Freund des Reiters. Auch im technischen Zeitalter räumen wir dem Pferd seinen angestammten Platz als treuer Begleiter ein", lautet der Grundsatz der Ringreiter.
Frank Deppe, Sylt

Reiten ist längst kein elitäres Hobby mehr. Vom Richter oder Professor bis zur Hotelfachangestellten oder Auszubildenden, die sich das Geld vom Munde abspart, ist alles dabei. Das spielt auch kaum eine Rolle – vor dem Pferd sind sie alle gleich.

SPECIAL: BRÜCKE ZWISCHEN STADT UND LAND

Tiere auf dem Land - so heißt diese Reihe. Aus naheliegenden Gründen leben die meisten Pferde in ländlich geprägten Regionen, ihre Besitzer wohnen oder arbeiten aber nicht selten in der Stadt.

Sie haben meist ein Pferd, das sie mehrmals die Woche besuchen und sich darum kümmern. Die wenigsten von ihnen haben dabei sportliche Ambitionen, sie suchen Entspannung bei ihrem Hobby und mit dem Tier, und lassen sich diese Freuden auch einiges kosten. Die Pferdehaltung ist für viele Landwirte, vor allem in der Nähe von größeren Städten, zu einem einträglichen Geschäft geworden, die Pferdesportbranche, die Sättel, Zaumzeuge, Halfter, Reithosen und alles sonst bietet, was das Reiterherz begehrt, ist ein riesiger Wirtschaftszweig. Die Zahlen der Deutschen Reiterlichen Vereinigung (FN) sind beeindruckend: Drei bis vier Pferde bedeuten einen Arbeitsplatz, man schätzt, in Deutschland sind es etwa 300 000. Über 10 000 Firmen,

Handwerksbetriebe und Dienstleister sind rund um das Pferd tätig.

Dazu zählen auch die Landwirte, die Hafer, Heu, Stroh an Pferdehalter verkaufen können. So fließt doch einiges an Wirtschaftskraft von der Stadt aufs Land. Doch etwas anderes, was sich nicht in Cent und Euro ausdrücken lässt, fließt in die umgekehrte Richtung - das echte Leben, die heutzutage so oft beschworene Authentizität, nach der immer mehr Menschen auf der Suche sind, kurz, Bodenständigkeit. Pferde schlagen eine Brücke zwischen Stadt und Land, es gibt regen Austausch Gleichgesinnter untereinander, und wer unter der Woche in Konferenzen, Meetings und muffigen Büros saß, der weiß, wie erfüllend es sein kann, auf einer harten Holzbank zu sitzen und den Pferden auf der Weide zuzugucken oder mit einem Landwirt einfach nur mal zu schweigen, weil es gerade nichts zu sagen gibt.

Wo Engagement die Welt verändert

Hufschmied Markus Raabe ist Spezialist für Orthopädie, sorgt auf seinem Hof in Westfalen dafür, dass Dressurpferde erst gar keine Probleme mit ihren Hufen haben oder wieder auf gesunde Beine kommen. Vor zehn Jahren begann er, ein Programm zur Weiterbildung von Schmieden und Schulung von Pferdebesitzern in anderen Regionen Europas aufzubauen. Im Sommer 2008 reiste er darum auf Bitten einer Tierschutzorganisation in den äußersten Osten Rumäniens – und sah sich mit einer Spirale aus grenzenloser Armut und Elend konfrontiert.

Die Menschen rund um die Stadt Iasi sind bitterarm, leben teilweise unter mittelalterlichen Bedingungen, Hunger ist alltäglich, viele gingen und gehen nie zur Schule. Ihre Pferdekarren sind für diese Menschen die einzige Möglichkeit, ihre Existenz zu sichern. Doch das Leben der ca. 30 000 Pferde in der Region, einem Gebiet so groß wie Berlin, ist die Hölle. Sie erhalten weder Futter noch irgendwelche Pflege, müssen aber von morgens bis abends schwer arbeiten. Dazu sind Geschirre, Kopf- und Mundstücke selbst gebasteltes Flickwerk aus Seilen, Ketten, Drähten, Eimerhenkeln usw. Sie schneiden ins Fleisch, reißen Wunden, und werden ihnen trotzdem nicht abgenommen. Erschöpfte, entkräftete Pferde werden oft auch noch misshandelt, weil den Besitzern jegliches Wissen über Haltung und Bedürfnisse ihrer Tiere fehlt. „Eigentlich gibt es kein Pferd, das nicht schwerste Verletzungen an den Gliedmaßen aufweist", lautete die erste geschockte Bestandsaufnahme von Markus Raabe. Er beschloss, nachhaltig zu helfen und die Lebensqualität der Arbeitspferde zu verbessern, auch wenn er damit eine Sisyphus-Aufgabe anging. Noch im Jahr 2008 gründete er „Equiwent Hilfe: Mensch & Tier e. V." und machte die Situation in Ostrumänien publik. Er fand Unterstützer, Sponsoren, Paten, und konnte die Hilfe für Pferde so immer wieder ausbauen. Jede Spende gibt er zu 100 Prozent weiter und trägt jegliche Kosten der Vereinsarbeit privat. Heute gibt es vor Ort einen in der Region anerkannten Tierarzt, Hufschmiede, eine Sozialarbeiterin, die täglich für Equiwent e. V. im Einsatz sind. Die medizinische Versorgung der Pferde (von Scheuerstellen, Wunden bis zur Wurmkur) ist für den Besitzer ebenso kostenlos wie die Bearbeitung der Hufe oder artgerechte und passende Gebisse, Halfter, Geschirre für sein Arbeitstier. Wer aber auch einen guten deutschen Hufbeschlag haben möchte – den sich

Fachgerechter Beschlag für ein rumänisches Arbeitspferd.

Equiwent hilft auch den Familien.

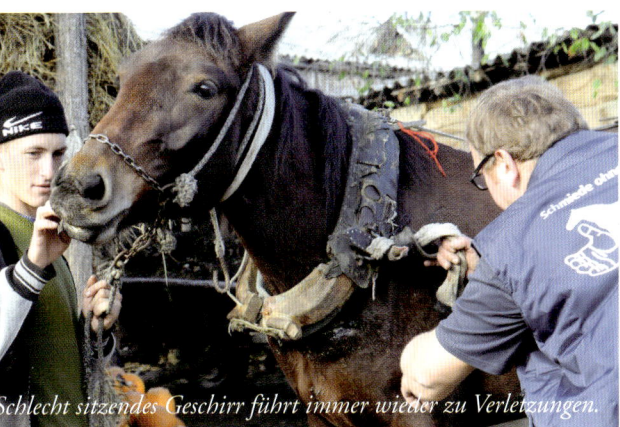
Schlecht sitzendes Geschirr führt immer wieder zu Verletzungen.

vor Ort kaum jemand leisten kann –, der muss ihn sich durch nachgewiesene gute Behandlung seines Pferdes verdienen. Dieses Lockmittel, die Aufklärungsarbeit und die Schulungen durch das Equiwent-Team zeigen Wirkung. Die Zahl der Menschen, die trotz bitterster eigener Armut in ihrem Pferd einen Partner sehen, der es verdient, fair behandelt zu werden, steigt langsam. Inzwischen erhalten auch einige wenige Familien lebensnotwenige Unterstützung in Form von Nahrungsmitteln oder Heizmaterial im Winter durch Equiwent – unter der Bedingung, dass ihre Kinder alle zur Schule gehen. 120 Kinder erhalten durch diese Hilfe inzwischen täglich ausreichend zu essen und gehen alle zur Schule. „Das sind unsere zukünftigen Tierschützer", sagt Markus Raabe nicht ohne Stolz. Im Jahr 2013 wurde er für sein Engagement mit dem Deutschen Tierschutzpreis ausgezeichnet.

„Zweifle nie daran, dass eine kleine Gruppe engagierter Menschen die Welt verändern kann – tatsächlich ist dies die einzige Art und Weise, in der die Welt jemals verändert wurde", stellte die berühmte Ethnologin Margaret Mead vor gut 60 Jahren fest. Markus Raabe und seine Hilfsorganisation Equiwent e. V. sind der tägliche Beweis dafür.

Wer helfen möchte, kann sich unter www.equiwent.eu informieren, wie.

Jutta Aurahs

Österreichisches Warmblut grast mit Shetland Pony und Fohlen auf der Koppel.

Shagya-Araber

...ura Raza Española

Welsh Cob

Stichwortregister

Quellen

ARCHE Austria
Bayerisches Haupt- und Landgestüt Schwaiganger
Deutscher Shire-Horse-Verein e. V.
Die Evolution des Pferdes, www.amleto.de/pferd/anchit.htm
Die Geschichte des Hufbeschlags, U. Imhof, Band 152, Heft 1, Januar 2010, 21-29, Schweiz. Arch. Tierheilk. Verlag Hans Huber, Hogrefe AG, Bern
Gesellschaft zur Erhaltung alter und gefährdeter Haustierrassen e. V. (GEH)
Helmut Meyer, Pferdefütterung, 2. Auflage, Verlag Paul Parey
Alois Podhajsky, Meine Lehrmeister die Pferde, Nymphenburger
H. H. Sambraus, Atlas der Nutztierrassen Universität Hamburg, www.uni-hamburg.de/presse/pressemitteilungen/2013/pm52.html
www.belgischekueste.be/Krabbenfischer-zu-Pferd
www.gidranpferde.de
www.spektrum.de/lexikon/biologie-kompakt/urpferd/12356

Adressen

Gesellschaft zur Erhaltung alter und gefährdeter Haustierrassen e.V. (GEH)
Walburger Straße 2, 37213 Witzenhausen
Telefon: +49/(0)5542/1864
info@g-e-h.de, www.g-e-h.de

ARCHE Austria
Geschäftsstelle Westendorf
Dipl.-Ing. Florian Schipflinger
Oberwindau 67, 6363 Westendorf
Telefon: +43/(0)664/519 22 86
office@arche-austria.at

Deutscher Förderverein für Freiberger Pferde e.V.
www.freiberger-pferde.de

European State Studs Association e.V.
c/o Haupt- und Landgestüt Marbach
Gestütshof 2, 72532 Gomadingen Marbach
Telefon: +49/(0)7385/96 57 17
info@europeanstatestuds.org

Ein besonderer Dank auch an das Museum des Ungarischen Nationalgestütes in Bábolna.
Nationalgestüt Bábolna Nemzeti Ménesbirtok
Ansprechpartner: Molnár-Varga Péter
2943 Bábolna Mészáros u. 1.
Telefon: +36/(0)34/56 92 84

Bildnachweis

Ammergauer Alpen GmbH: S. 117 oben (Horst Preisenhammer),
117 unten links, 117 unten rechts (Horst Preisenhammer)
Peter Andryszak: S. 15 oben, 33 rechts, 89 unten links, 95, 99
Animal Press: S. 5 oben links, 5 unten rechts, 6, 46,
74, 75
ARCHE Austria: S. 5 oben rechts (Enzenberg)
Bridgeman Art Library: S. 11
Frank Deppe/Sylt: S. 119 beide, 120 beide
Melanie Dreysse: S. 122 beide, 123
Feldschlösschen Brauerei/Rheinfelden (Schweiz): S. 113 alle,
114 beide, 115 beide
Nicola Förg: S. 83
Fotolia: S. 5 mitte rechts, 5 unten links, 13 beide unten,
19 unten links, 21 alle, 25 rechts, 28, 29 rechts
Gesellschaft zur Erhaltung alter und gefährdeter Nutztierrassen
e.V. (GEH): S. 48 (Beate Milerski), 51 oben (Antje Feldmann),
62 (Antje Feldmann), 71 unten links (Antje Feldmann),
78 (Gerd Faust)
Annette Hackbarth: S. 15 unten, 29 links, 64, 65, 87 alle, 93
Haupt- und Landgestüt Schwaiganger: S. 43 mitte rechts
Sabine Heüveldop: S. 35, 37 oben, 37 unten rechts, 43 unten
links, 45 oben, 51 unten, 52, 53, 66, 79, 89 mitte rechts,
89 beide oben, 89 unten rechts, 90 links, 91 beide, 97, 101 beide,
102, 103

Heiner Köchling: S. 72 links
Stefan Künzli: S. 72 rechts, 73
Bildagentur Look: U1, S. 55, 80, 106 alle, 107 alle, 121
Alexandra Lotz: S. 41, 43 mitte links, 43 oben links,
43 unten rechts
Nationalgestüt Bábolna Nemzeti Ménesbirtok: S. 67
Stefanie Pfleger: S. 43 oben rechts
Privat: S. 25 links
Alessandra Sarti/photosarti.at: U4 alle, S. 5 mitte links, 8,
13 oben, 17, 18 alle, 19 oben, 19 unten rechts, 22, 26,
27, 31, 32 beide, 33 links, 37 unten links, 38, 44 beide,
45 beide unten, 54, 56, 57 beide, 59 alle, 60, 61, 63, 69 alle,
71 oben, 71 unten rechts, 76 alle, 77, 85 alle, 90 rechts,
105 alle, 124 beide, 125 beide, 127
Dr. Lilo Schlumpp: S. 49
Staatliches Hofbräuhaus in München: S. 110 oben,
110 unten (Stefan Braun), 111 (Stefan Braun)
Toerisme Vlaanderen: S. 108 unten
Westtoer: S. 108 oben, 109

ISBN 978-3-86362-029-5

Gestaltung, Bildredaktion und Satz: Christine Paxmann text • konzept • grafik, München

Alle Rechte vorbehalten. Die Verwertung der Texte und Bilder, auch
auszugsweise, ist ohne Zustimmung des Verlages urheberrechtswidrig
und strafbar. Dies gilt auch für Vervielfältigungen, Übersetzungen,
Mikroverfilmungen und für die Verarbeitung mit elektronischen Systemen.

Copyright © 2014 Verlags- und Vertriebsgesellschaft
Dort- Hagenhausen Verlag- GmbH & Co. KG, München

Printed in Italy 2014

Verlagswebsite: www.d-hverlag.de